非线性系统的全局能控性

孙轶民　著

科学出版社
北京

内 容 简 介

本书从理论上论述非线性系统的全局能控性. 主要介绍平面仿射非线性系统和几类特殊的高维非线性系统的全局能控性判据, 以及几类多项式系统全局能控性的判别算法. 另外, 本书也对平面仿射非线性系统的全局渐近能控性及全局镇定性做一点讨论.

本书内容偏重理论, 可供综合性大学、高等工科院校数学专业及自动控制专业高年级学生和研究生阅读, 也可供相关领域科研人员参考.

图书在版编目(CIP)数据

非线性系统的全局能控性/孙铁民著. —北京：科学出版社, 2023.10
ISBN 978-7-03-076473-7

Ⅰ. ①非…　Ⅱ. ①孙…　Ⅲ. ①非线性系统(自动化)-控制-研究
Ⅳ. ①TP271

中国国家版本馆 CIP 数据核字(2023)第 187747 号

责任编辑: 阚　瑞 / 责任校对: 胡小洁
责任印制: 赵　博 / 封面设计: 迷底书装

科学出版社出版
北京东黄城根北街 16 号
邮政编码: 100717
http://www.sciencep.com
北京华宇信诺印刷有限公司印刷
科学出版社发行　各地新华书店经销
*
2023 年 10 月第　一　版　开本: 720×1000　1/16
2024 年 3 月第二次印刷　印张: 8 3/4
字数: 180 000
定价: **98.00** 元
(如有印装质量问题, 我社负责调换)

前　言

对发现来说, 直觉比逻辑更重要.

亨利 • 庞加莱 (1854—1912)

自 1960 年卡尔曼建立控制系统的状态空间理论, 提出能控性和能观测性两个概念之后, 能控性就成为控制系统的基本性质之一. 线性系统的能控性在 20 世纪 60 年代就已被完全解决, 并成为控制理论中的经典结果. 由于非线性系统广泛存在于客观世界中, 现实中的系统本质上都是非线性的, 因此研究其能控性是非常必要的.

随后, 在 20 世纪 70 年代, Brockett, Sussmann, Jurdjevic, Hermann 和 Krener 等利用李导数和李群理论研究非线性系统的能控性, 可以说大体上已解决了非线性控制系统的局部能控性. 然而由于非线性问题的局部性质与全局性质没有必然联系, 从而局部结论不能简单地推广到全局, 一般需要结合状态空间的拓扑性质来讨论. 本书主要讨论状态空间为欧氏空间情形的控制系统. 理由首先是欧氏空间是最常见也是最重要的空间之一. 其次, 若能完全理解状态空间为欧氏空间的系统之全局能控性, 必将有益于其他状态空间情形系统之全局能控性研究.

本书讨论由如下常微分方程描述的系统, 通常称之为仿射非线性控制系统:

$$\dot{\boldsymbol{x}} = \boldsymbol{f}(\boldsymbol{x}) + \boldsymbol{G}(\boldsymbol{x})\boldsymbol{u}(\cdot)$$

其中, $\boldsymbol{x} \in \mathbb{R}^n$ 为状态, $\boldsymbol{f}(\boldsymbol{x})$ 为系统向量场, $\boldsymbol{G}(\boldsymbol{x})$ 为控制函数矩阵, $\boldsymbol{u}(\cdot)$ 为控制输入. 若考虑单输入情形, 则控制输入是取值为实数的函数 $u(\cdot)$, 控制函数矩阵变为控制向量场 $\boldsymbol{g}(\boldsymbol{x})$.

第 1 章主要介绍所需的预备知识. 第 2 章介绍最简单的非平凡非线性系统——二阶 (平面) 单输入仿射非线性控制系统, 即状态 $\boldsymbol{x} \in \mathbb{R}^2$ 情形. 另外, 由于牛顿运动定律、电磁定律等基本物理定律都是二阶系统, 因此二阶系统是控制系统的一个非常基本的组成单元. 这都是我们研究二阶单输入控制系统的缘由.

在第 2 章中, 对二阶单输入控制系统分两种情况分别研究.

1. 控制向量场 $\boldsymbol{g}(\boldsymbol{x})$ 恒不为零时, 即 $\boldsymbol{g}(\boldsymbol{x}) \neq \boldsymbol{0}, \forall \boldsymbol{x} \in \mathbb{R}^2$. 对此通过引入控制曲线概念给出了系统全局能控的充分必要条件.

2. 控制向量场 $\boldsymbol{g}(\boldsymbol{x})$ 的零点是唯一时, 不妨设为 $\boldsymbol{g}(\boldsymbol{0}) \neq \boldsymbol{0}$. 特别在所有控制曲线都是主控制曲线的假设下, 可以类似上面情况 1 中的结论给出系统全局能控的充分必要条件.

另外, 本章还对平面非仿射控制系统做了一点讨论.

第 3 章主要讨论高维控制系统. 一个看起来似乎较为简单的系统是如下双输入三阶系统:

$$\dot{\boldsymbol{x}} = \boldsymbol{f}(\boldsymbol{x}) + \boldsymbol{g}_1(\boldsymbol{x})u_1(\cdot) + \boldsymbol{g}_2(\boldsymbol{x})u_2(\cdot), \quad \boldsymbol{x} \in \mathbb{R}^3$$

然而此时研究系统的全局能控性存在如下两个困难.

(1) 向量场 $\boldsymbol{g}_1(\boldsymbol{x})$ 和 $\boldsymbol{g}_2(\boldsymbol{x})$ 未必满足可积性从而不容易分析轨线的运动.

(2) 即使满足可积性, 由 $\boldsymbol{g}_1(\boldsymbol{x})$ 和 $\boldsymbol{g}_2(\boldsymbol{x})$ 定义的控制曲面不再刚好能把状态空间 $\mathbb{R}^3$ 分为两部分.

由于上述困难, 故本章讨论更简单的具有常值控制矩阵且余维 1 的系统. 除此之外, 本章还讨论了具有三角形结构的高维控制系统, 这是由于具有三角形结构的高维系统在一定意义下可以转化为平面系统来讨论. 于是可得到下面结论: 具有三角形结构的高维系统之全局能控性等价于其对应的平面系统之全局能控性.

第 4 章主要根据实代数几何理论和数学机械化方法来研究多项式系统全局能控性的判别算法. 对控制曲线/曲面可由多项式函数描述的多项式系统介绍了其全局能控性的具体判别算法, 且这些算法只依赖于多项式的系数.

第 5 章讨论了平面仿射非线性控制系统的全局渐近能控性和全局镇定性, 给出了平面仿射非线性控制系统全局渐近能控的充分必要条件. 最后据此充要条件, 给出了郭猜想的一个反例.

本书得到国家自然科学基金 (61174048, 60804008) 和中山大学广东省计算科学重点实验室 (2020B1212060032) 资助, 在此一并致谢! 最后, 限于笔者水平, 书中疏漏在所难免, 恳请读者与同行不吝批评指正.

孙轶民

2023 年 7 月

于广州中山大学康乐园

目　录

第 1 章 预备知识

1.1 函数论与微分流形中的一些基本结果

本节主要介绍函数论与微分流形与拓扑及相关理论中的一些基本知识. 主要参考文献是文献 [1] ~ [6].

1.1.1 函数的可微延拓

定理 1.1 设 $B(r_1), B(r_2)$ 是 $\mathbb{R}^n$ 中以原点为中心的两个同心球, 且半径 $r_1 < r_2$, 则存在函数 $h \in \mathrm{C}^\infty(\mathbb{R}^n)$, 使得 $0 \leqslant h(\boldsymbol{x}) \leqslant 1, \forall \boldsymbol{x} \in \mathbb{R}^n$, 且

$$h(\boldsymbol{x}) \equiv 1,\ \boldsymbol{x} \in B(r_1); \quad h(\boldsymbol{x}) \equiv 0,\ \boldsymbol{x} \notin B(r_2)$$

上面函数也称为截断函数. 下面例子说明定理 1.1 中定义的截断函数是存在的. 令

$$h(\boldsymbol{x}) = \frac{\zeta(r_2^2 - \sum_{i=1}^n x_i^2)}{\zeta(r_2^2 - \sum_{i=1}^n x_i^2) + \zeta(\sum_{i=1}^n x_i^2 - r_1^2)} \tag{1.1.1}$$

其中, $\boldsymbol{x} = (x_1, x_2, \cdots, x_n)^{\mathrm{T}}$, 函数 $\zeta(t)$ 定义为

$$\zeta(t) = \begin{cases} e^{-\frac{1}{t}}, & t > 0 \\ 0, & t \leqslant 0 \end{cases}$$

令 A 为 n 维欧氏空间 $\mathbb{R}^n$ 上的一个有界或无界的闭集, $f(\boldsymbol{x})$ 是定义在 A 上的一个连续函数. 由拓扑学中的 Tietze 扩张定理 (参见文献 [7]), 可知函数 $f(\boldsymbol{x})$ 可以连续地延拓到整个空间 $\mathbb{R}^n$ 上去. 这样自然出现两个问题, 其一是: 是否存在一个函数在 $\mathbb{R}^n - A$ 上是可微函数, 甚至是实解析函数①, 其在 A 上的值等于 f 在 A 上的函数值? 另一是: 函数 $f(\boldsymbol{x})$ 在 A 上具有给定阶数的可微性②, 能否把它可微延拓到整个空间 $\mathbb{R}^n$ 上去, 并且可微的阶数是相同的? 在文献 [4] 中, Whitney 对这两个问题给出了肯定的回答. 下面我们来介绍其主要结果.

---

① 即在一邻域内可展开成泰勒级数, 它在文献 [4] 中被称为解析的. 此处为了区别于复变函数理论中复函数的解析性, 前面加了"实"字.

② 由于 A 未必是一个区域, 甚至可以是一个分形集合, 故函数的可微性需要有个合理的解释. 文献 [4] 认为可在局部上写成给定阶数的泰勒展开, 见下面定义 1.1.

注 1.1　为简单起见, 我们把涉及 n 个变量的式子写成似乎是单变量的紧凑形式. 我们把

$$f^{0\cdots 0}(x_1,\cdots,x_n) \quad \text{写成} \quad f^{\breve{0}}(\boldsymbol{x})$$

$$\frac{\partial^{k_1+\cdots+k_n}}{\partial x_1^{k_1}\cdots\partial x_n^{k_n}}f(x_1',\cdots,x_n') \quad \text{写成} \quad D^{k_1,\cdots,k_n}f(\boldsymbol{x}') \text{ 或 } D^{\breve{k}}f(\boldsymbol{x}').$$

作为例子, 下面定义 1.1 中的式 (1.1.3) 即为

$$\begin{aligned} &f^{k_1,\cdots,k_n}(x_1',\cdots,x_n') \\ =&\sum_{\substack{l_1+\cdots+l_n\\ \leqslant m-(k_1+\cdots+k_n)}}\frac{f^{k_1+l_1,\cdots,k_n+l_n}(x_1,\cdots,x_n)}{l_1!\cdot\cdots\cdot l_n!}(x_1'-x_1)^{l_1}\cdot\cdots\cdot(x_n'-x_n)^{l_n} \\ &+R_{k_1,\cdots,k_n}(x_1',\cdots,x_n';\ x_1,\cdots,x_n) \end{aligned} \tag{1.1.2}$$

的紧凑形式.

为此需要对指标做进一步解释. 对于 n-重指标 $\breve{k}=(k_1,k_2,\cdots,k_n)$, $\breve{l}=(l_1,l_2,\cdots,l_n)$, 我们令 $\breve{l}!=l_1!\cdot l_2!\cdot\cdots\cdot l_n!$ 和 $\boldsymbol{x}^{\breve{l}}=x_1^{l_1}\cdot x_2^{l_2}\cdot\cdots\cdot x_n^{l_n}$, 再令 $\sigma_{\breve{k}}=k_1+k_2+\cdots+k_n$, 于是有 $\sigma_{\breve{k}+\breve{l}}=\sigma_{\breve{k}}+\sigma_{\breve{l}}$. 又令 $r_{\boldsymbol{xy}}$ 表示点 $\boldsymbol{x}$ 和 $\boldsymbol{y}$ 之间的距离.

函数在 $\mathbb{R}^n$ 中子集 A 上可微是什么意思呢? 为此我们定义 $\mathscr{C}^m$ 类函数.

定义 1.1　令 $f(\boldsymbol{x})$ 为定义在集合 $A\subseteq\mathbb{R}^n$ 上的函数. 又令 m 为非负整数. 我们称定义在 A 上的函数 $f(\boldsymbol{x})=f^{\breve{0}}(\boldsymbol{x})$ 为在函数 $f^{\breve{k}}(\boldsymbol{x})(\sigma_{\breve{k}}\leqslant m)$ 意义下的 $\mathscr{C}^m$ **类函数**, 如果对满足 $\sigma_{\breve{k}}\leqslant m$ 的所有 n-重指标 $\breve{k}$, 存在定义在 A 上函数 $f^{\breve{k}}(\boldsymbol{x})$, 使得对每一个 $f^{\breve{k}}(\boldsymbol{x})(\sigma_{\breve{k}}\leqslant m)$, 有

$$f^{\breve{k}}(\boldsymbol{x}')=\sum_{\sigma_{\breve{l}}\leqslant m-\sigma_{\breve{k}}}\frac{f^{\breve{k}+\breve{l}}(\boldsymbol{x})}{\breve{l}!}(\boldsymbol{x}'-\boldsymbol{x})^{\breve{l}}+R_{\breve{k}}(\boldsymbol{x}';\boldsymbol{x}) \tag{1.1.3}$$

其中, $R_{\breve{k}}(\boldsymbol{x}';\boldsymbol{x})$ 有下面性质: 给定 A 中的任何点 $\boldsymbol{x}^0$ 和任何 $\epsilon>0$, 则存在 $\delta>0$ 使得如果 $\boldsymbol{x}$ 和 $\boldsymbol{x}'$ 是 A 中任意满足 $r_{\boldsymbol{xx}^0}<\delta$ 和 $r_{\boldsymbol{x}'\boldsymbol{x}^0}<\delta$ 的两点, 则

$$|R_{\breve{k}}(\boldsymbol{x}';\boldsymbol{x})|\leqslant r_{\boldsymbol{xx}'}^{m-\sigma_{\breve{k}}}\epsilon$$

定理 1.2 (Whitney)　令 A 为 $\mathbb{R}^n$ 中的一个闭子集及 $f(\boldsymbol{x})=f^{\breve{0}}(\boldsymbol{x})$ 在 A 上为在 $f^{\breve{k}}(\boldsymbol{x})(\sigma_{\breve{k}}\leqslant m)$ 意义下的 $\mathscr{C}^m$ 类函数 (m 可为有限值或无穷). 则存在定义在全空间 $\mathbb{R}^n$ 上函数 $F(\boldsymbol{x})$, 且 $F(\boldsymbol{x})$ 是通常意义下的 C^m 函数, 使得

(1) $F(\boldsymbol{x})=f(\boldsymbol{x})$, $\boldsymbol{x}\in A$;

(2) $D^{\check{k}}F(\boldsymbol{x}) = f^{\check{k}}(\boldsymbol{x}), \boldsymbol{x} \in A\ (\sigma_{\check{k}} \leqslant m)$;

(3) $F(\boldsymbol{x})$ 在 $\mathbb{R}^n - A$ 上是实解析的.

显然上面的结论 (2) 包含了结论 (1). 定理 1.2 大体上意思是: 如果一个定义在闭集 A 上的函数 $f(\boldsymbol{x})$ 是可微的, 则存在一个在全空间 $\mathbb{R}^n$ 可微的延拓函数 $F(\boldsymbol{x})$. 我们把这个定理称作 **Whitney 可微延拓定理**.

1.1.2 卷积与磨光函数

设 $f(\boldsymbol{x})$ 与 $g(\boldsymbol{x})$ 是 $\mathbb{R}^n$ 上的两个可测函数. 如果对于几乎处处的 $\boldsymbol{x}$, 积分 $\int_{\mathbb{R}^n} f(\boldsymbol{x}-\boldsymbol{y})g(\boldsymbol{y})\mathrm{d}\boldsymbol{y}$ 存在, 就称它是 $f(\boldsymbol{x})$ 与 $g(\boldsymbol{x})$ 的卷积, 记为 $(f*g)(\boldsymbol{x})$.

在 $L^1(\mathbb{R}^n)$ 中函数的卷积运算具有如下性质. 设 $f,\ g,\ h \in L^1(\mathbb{R}^n)$, $a, b \in \mathbb{R}$, 则有

(1) $f*g = g*f$ (可交换性);

(2) $f*(g*h) = (f*g)*h$ (可结合性);

(3) $(af+bg)*h = a(f*h)+b(g*h)$ (线性);

(4) $\|f*g\|_1 \leqslant \|f\|_1\|g\|_1$ (连续性).

定理 1.3 设 $1 \leqslant p \leqslant \infty$, $1 \leqslant q \leqslant \infty$, 以及 $\dfrac{1}{p}+\dfrac{1}{q} \geqslant 1$ 和 $\dfrac{1}{r}=\dfrac{1}{p}+\dfrac{1}{q}-1$. 如果 $f \in L^p(\mathbb{R}^n)$, $g \in L^q(\mathbb{R}^n)$, 则 $f*g \in L^r(\mathbb{R}^n)$, 且

$$\|f*g\|_r \leqslant \|f\|_p \cdot \|g\|_q \tag{1.1.4}$$

令 $\mathrm{C}_0^m(\mathbb{R}^n)$ (m 可为非负整数或无穷) 表示 $\mathrm{C}^m(\mathbb{R}^n)$ 中具有紧支撑集的函数全体. 函数 $f(\boldsymbol{x})$ 的支撑集是指点集 $\{\boldsymbol{x}|f(\boldsymbol{x}) \neq 0\}$ 的闭包, 记为 $\mathrm{supp}(f)$.

定理1.4 令 n-重指标 $\check{k}=(k_1,k_2,\cdots,k_n)$. 设 $1 \leqslant p \leqslant \infty$, $f \in L^p(\mathbb{R}^n)$, $\mathscr{K} \in \mathrm{C}_0^m(\mathbb{R}^n)$. 则 $f*\mathscr{K} \in \mathrm{C}^m(\mathbb{R}^n)$, 且

$$D^{\check{k}}(f*\mathscr{K})(\boldsymbol{x}) = (f*D^{\check{k}}\mathscr{K})(\boldsymbol{x}), \quad \sigma_{\check{k}} \leqslant m \tag{1.1.5}$$

给定函数 $\mathscr{K}(\boldsymbol{x})$, 我们考虑函数族

$$\mathscr{K}_\epsilon(\boldsymbol{x}) = \epsilon^{-n}\mathscr{K}\left(\frac{\boldsymbol{x}}{\epsilon}\right) = \epsilon^{-n}\mathscr{K}\left(\frac{x_1}{\epsilon},\frac{x_2}{\epsilon},\cdots,\frac{x_n}{\epsilon}\right), \quad \epsilon>0 \tag{1.1.6}$$

定理 1.5 设 $\mathscr{K} \in L^1(\mathbb{R}^n)$ 且 $\int_{\mathbb{R}^n}\mathscr{K}\mathrm{d}\boldsymbol{x}=1$.

1. 若 $f \in L^p(\mathbb{R}^n)$, $1 \leqslant p < \infty$, 则有

$$\lim_{\epsilon\to 0}\|f*\mathscr{K}_\epsilon - f\|_p = 0 \tag{1.1.7}$$

2. 若 $f \in L^\infty(\mathbb{R}^n)$, 则在 f 的连续点 $\boldsymbol{x}$ 处有

$$\lim_{\epsilon \to 0} f * \mathscr{K}_\epsilon(\boldsymbol{x}) = f(\boldsymbol{x}) \tag{1.1.8}$$

设函数 ψ 满足下面条件:

(1) $\psi(\boldsymbol{x}) \geqslant 0, \quad \boldsymbol{x} \in \mathbb{R}^n$;

(2) $\psi \in \mathrm{C}_0^\infty(\mathbb{R}^n), \quad \mathrm{supp}(\psi) \subseteq \overline{B(1)}$;

(3) $\displaystyle\int_{\mathbb{R}^n} \psi(\boldsymbol{x})\mathrm{d}\boldsymbol{x} = 1$,

其中, $B(1)$ 表示以原点为中心、半径为 1 的球. 根据定理 1.1, 函数 ψ 是存在的. 然后按照式 (1.1.6) 定义函数族 ψ_ϵ.

定理 1.6　设函数 f 具有紧支集.

1. 若 $f \in L^p(\mathbb{R}^n)$, $1 \leqslant p < \infty$, 则 $f_\epsilon = f * \psi_\epsilon \in \mathrm{C}_0^\infty(\mathbb{R}^n)$ 且

$$\lim_{\epsilon \to 0} \|f - f_\epsilon\|_p = 0$$

2. 若 f 在 $\mathbb{R}^n$ 上连续, 则 $f_\epsilon \in \mathrm{C}_0^\infty(\mathbb{R}^n)$ 且

$$\lim_{\epsilon \to 0} f_\epsilon(\boldsymbol{x}) = f(\boldsymbol{x})$$

在 $\mathbb{R}^n$ 上一致成立, 即 f_ϵ 在 $\mathbb{R}^n$ 上一致收敛于 f.

3. 若 $f \in \mathrm{C}^m(\mathbb{R}^n)(m < \infty)$, 则对于多重指标 $\breve{k}$, $\sigma_{\breve{k}} \leqslant m$, $D^{\breve{k}} f_\epsilon(\boldsymbol{x})$ 在 $\mathbb{R}^n$ 上一致收敛于 $D^{\breve{k}} f(\boldsymbol{x})$. 若 $f \in \mathrm{C}^\infty(\mathbb{R}^n)$, 则结论对任意多重指标 $\breve{k}$ 成立.

1.1.3　光滑同伦与光滑同痕

设 G 是 $\mathbb{R}^n$ 中的开集, $\boldsymbol{g}: G \to \mathbb{R}^n$ 是 C^m 映射. 如果 $H = \boldsymbol{g}(G)$ 是 $\mathbb{R}^n$ 中的开集且 $\boldsymbol{g}$ 存在 C^m 逆映射 $\boldsymbol{h}: H \to G \subseteq \mathbb{R}^n$, 则称 $\boldsymbol{g}: G \to H$ 是 C^m 同胚映射, 简称 C^m 同胚. 当 $m \geqslant 1$ 时统称微分同胚. C^∞ 同胚通常称为光滑同胚.

设 Q 是 $\mathbb{R}^n$ 中的开集, $\boldsymbol{f}: Q \to \mathbb{R}^n$ 是 C^m 映射, $\boldsymbol{a} \in Q$. 如果存在点 $\boldsymbol{a}$ 的开邻域 $U \subseteq Q$ 和 $\boldsymbol{b} = \boldsymbol{f}(\boldsymbol{a})$ 的开邻域 V, 使得

$$\boldsymbol{f}|U : U \to V$$

是 C^m 同胚, 则称 $\boldsymbol{f}$ 在点 $\boldsymbol{a}$ 附近是局部 C^m 同胚. 如果对所有 $\boldsymbol{a} \in Q$, 映射 $\boldsymbol{f}: Q \to \mathbb{R}^n$ 在 $\boldsymbol{a}$ 附近都是局部 C^m 同胚, 则称 $\boldsymbol{f}: Q \to \mathbb{R}^n$ 是局部 C^m 同胚. 当 $m \geqslant 1$ 时, 局部 C^m 同胚称为局部微分同胚. 局部 C^∞ 同胚称为局部光滑同胚.

$\boldsymbol{f}$ 被称作全局微分同胚的, 如果它在 $\mathbb{R}^n$ 上是微分同胚的且 $\boldsymbol{f}(\mathbb{R}^n) = \mathbb{R}^n$. $\boldsymbol{f}$ 是全局微分同胚的充分必要条件是 $\boldsymbol{f}$ 满足下面两个条件:

(1) 对任意 $\boldsymbol{x} \in \mathbb{R}^n$, 有 $\dfrac{\partial \boldsymbol{f}}{\partial \boldsymbol{x}}$ 是非奇异的;

(2) $\boldsymbol{f}$ 是恰当的, 即 $\lim_{\|\boldsymbol{x}\| \to +\infty} \|\boldsymbol{f}(\boldsymbol{x})\| = +\infty$.

令 U 和 V 分别为 $\mathbb{R}^n$ 和 $\mathbb{R}^m$ 中的开集. 对于任意的 C^1 映射 $\boldsymbol{f}: U \to V$, 导射

$$\mathrm{d}\boldsymbol{f}_{\boldsymbol{x}}: \mathbb{R}^n \to \mathbb{R}^m$$

由下面公式定义: 当 $\boldsymbol{x} \in U$, $\boldsymbol{h} \in \mathbb{R}^n$,

$$\mathrm{d}\boldsymbol{f}_{\boldsymbol{x}}(\boldsymbol{h}) = \lim_{t \to 0} \frac{\boldsymbol{f}(\boldsymbol{x} + t\boldsymbol{h}) - \boldsymbol{f}(\boldsymbol{x})}{t}$$

显然 $\mathrm{d}\boldsymbol{f}_{\boldsymbol{x}}(\boldsymbol{h})$ 是 $\boldsymbol{h}$ 的线性函数. 实际上 $\mathrm{d}\boldsymbol{f}_{\boldsymbol{x}}$ 就是与在点 $\boldsymbol{x}$ 处取值的一阶偏导数的 $m \times n$ 阶矩阵 $\left(\dfrac{\partial f_i}{\partial x_j}\right)_{\boldsymbol{x}}$ 对应的线性映射.

下面介绍流形 (也就是弯曲的空间) 之间的映射. 流形就是某个 (一般更高) 维数的欧几里得空间中光滑非奇异曲面. 现在给出流形的定义.

定义 1.2 设 $\mathcal{M} \subseteq \mathbb{R}^n$. 如果对于 $\mathcal{M}$ 中的每一个点 $\boldsymbol{x} \in \mathcal{M}$, 都有一个邻域 $\mathscr{U}_{\boldsymbol{x}} \cap \mathcal{M}$ 微分同胚于 $\mathbb{R}^m$ 中的某一个开子集 U, 则称 $\mathcal{M}$ 是一个 m 维微分流形.

我们把 $(\mathscr{U}_{\boldsymbol{x}} \cap \mathcal{M}, \boldsymbol{g}_{\mathscr{U}_{\boldsymbol{x}} \cap \mathcal{M}})$ 称为 $\mathcal{M}$ 的一个坐标卡, 其中 $\boldsymbol{g}_{\mathscr{U}_{\boldsymbol{x}} \cap \mathcal{M}}$ 为 $\mathscr{U}_{\boldsymbol{x}} \cap \mathcal{M}$ 到 $\mathbb{R}^m$ 中开集 U 的微分同胚映射, 简记为 $(\mathscr{U}, \boldsymbol{g})$. 对于一个特定的坐标卡, $\boldsymbol{g}: U \to \mathscr{U} \cap \mathcal{M}$ 称为区域 U 的一个参数化; 逆映射 $\boldsymbol{g}^{-1}: \mathscr{U} \cap \mathcal{M} \to U$ 称为 $\mathscr{U} \cap \mathcal{M}$ 上的一个坐标系.

$\mathcal{M}$ 上的两个坐标卡 $(\mathscr{U}, \boldsymbol{\varphi})$ 和 $(\mathscr{V}, \boldsymbol{\psi})$ 称为是 C^r 相容的, 如果下面两个条件之一满足:

(1) $\mathscr{U} \cap \mathscr{V} = \varnothing$;

(2) $\mathscr{U} \cap \mathscr{V} \neq \varnothing$, 且坐标变换

$$\boldsymbol{\psi}^{-1} \circ \boldsymbol{\varphi}: \boldsymbol{\varphi}^{-1}(\mathscr{U} \cap \mathscr{V} \cap M) \to \boldsymbol{\psi}^{-1}(\mathscr{U} \cap \mathscr{V} \cap M)$$

和

$$\boldsymbol{\varphi}^{-1} \circ \boldsymbol{\psi}: \boldsymbol{\psi}^{-1}(\mathscr{U} \cap \mathscr{V} \cap M) \to \boldsymbol{\varphi}^{-1}(\mathscr{U} \cap \mathscr{V} \cap M)$$

都是 C^r 映射.

定义 1.3 在微分流形 $\mathcal{M}$ 上的坐标卡集合是相容的, 如果:

(1) 每一对坐标卡是相容的;

(2) $\mathcal{M}$ 内的每一点 $\boldsymbol{x}$ 至少属于一个坐标卡.

下面定义两个微分流形之间的可微映射. 设 $\mathcal{M}$ 和 $\mathcal{N}$ 分别是 m 和 n 维 $\mathrm{C}^r(r \geqslant 1)$ 微分流形, 映射 $\boldsymbol{f}: \mathcal{M} \to \mathcal{N}$. 再设 $\boldsymbol{f}(\boldsymbol{x}) = \boldsymbol{y}$. 分别取 $\mathcal{M}$ 和 $\mathcal{N}$ 的

坐标卡 $(\mathscr{U},\varphi)$ 和 $(\mathscr{V},\psi)$ 使得 $\boldsymbol{x}\in\mathscr{U}$ 和 $\boldsymbol{y}\in\mathscr{V}$. 必要时可适当缩小 $\mathscr{U}$ 使得 $\boldsymbol{f}(\mathscr{U})\subset\mathscr{V}$. 考察映射

$$\widetilde{\boldsymbol{f}}=\boldsymbol{\psi}^{-1}\circ\boldsymbol{f}\circ\boldsymbol{\varphi}:\boldsymbol{\varphi}^{-1}(\mathscr{U})\to\boldsymbol{\psi}^{-1}(\mathscr{V})\subset\mathbb{R}^n$$

局部表示 $\widetilde{\boldsymbol{f}}$ 是从 $\mathbb{R}^m$ 中开集 $\boldsymbol{\varphi}^{-1}(\mathscr{U})$ 到 $\mathbb{R}^n$ 中的映射, 因此可以讨论其连续可微性. 如果 $\widetilde{\boldsymbol{f}}$ 是 C^r 的, 则称 $\widetilde{\boldsymbol{f}}$ 在 $\boldsymbol{x}$ 点附近是 C^r 的. 如果 $\widetilde{\boldsymbol{f}}$ 在 $\mathcal{M}$ 上处处都是 C^r 的, 则称 $\widetilde{\boldsymbol{f}}$ 为 C^r 映射 (C^0 映射即为连续映射; C^∞ 映射即为光滑映射).

映射 $\boldsymbol{f}$ 在点 $\boldsymbol{x}$ 的切映射就是 $\widetilde{\boldsymbol{f}}$ 在点 $\boldsymbol{x}$ 的导射 $\mathrm{d}\boldsymbol{f}_{\boldsymbol{x}}$, 即其 Jacobi 矩阵 $\left(\dfrac{\partial\widetilde{f}_i}{\partial x_j}\right)_{\boldsymbol{x}}$ 所决定的线性映射.

定理 1.7 (Sard) 设 $\boldsymbol{f}:\mathcal{M}\to\mathcal{N}$ 为定义从 m 维流形 $\mathcal{M}$ 到 n 维流形 $\mathcal{N}$ 上的一个 C^1 映射. 令

$$\mathfrak{C}=\{\boldsymbol{x}\in\mathcal{M}|\mathrm{d}\boldsymbol{f}_{\boldsymbol{x}}\text{的秩}<n\}$$

则像集 $\boldsymbol{f}(\mathfrak{C})\subseteq\mathcal{N}$ 的 Lebesgue 测度为零.

我们主要对 $m\geqslant n$ 时感兴趣. 若 $m<n$, 则显然 $\mathfrak{C}=\mathcal{M}$. 我们称满足 $\mathfrak{C}$ 中条件的 $\boldsymbol{x}$ 为临界点, 像 $\boldsymbol{f}(\boldsymbol{x})$ 为临界值, $\mathfrak{C}$ 为临界点集, $\boldsymbol{f}(\mathfrak{C})$ 为临界值集, 余集 $\mathcal{N}\setminus\boldsymbol{f}(\mathfrak{C})$ 为 $\boldsymbol{f}$ 的正则值集. 因为零测集不能包含任何非空开集, 故 $\boldsymbol{f}$ 的正则值集必在 $\mathcal{N}$ 中处处稠密.

给定 $X\subset\mathbb{R}^k$. 令 $X\times[0,1]$ 表示由所有满足 $\boldsymbol{x}\in X$ 和 $0\leqslant s\leqslant 1$ 的 $(\boldsymbol{x},s)$ 组成的 $\mathbb{R}^{k+1}$ 中的子集. 两个映射

$$\boldsymbol{f},\ \boldsymbol{g}:X\to Y$$

称为是光滑同伦的 (记为 $\boldsymbol{f}\sim\boldsymbol{g}$), 如果存在一个光滑映射 $F:X\times[0,1]\to Y$ 满足条件: 对于所有 $\boldsymbol{x}\in X$, 有

$$F(\boldsymbol{x},0)=\boldsymbol{f}(\boldsymbol{x}),\quad F(\boldsymbol{x},1)=\boldsymbol{g}(\boldsymbol{x}).$$

这一映射 F 称为 $\boldsymbol{f}$ 和 $\boldsymbol{g}$ 之间的一个光滑同伦.

如果 $\boldsymbol{f}$ 和 $\boldsymbol{g}$ 都是从 X 到 Y 的微分同胚, 我们可以定义 $\boldsymbol{f}$ 和 $\boldsymbol{g}$ 之间的光滑同痕.

定义 1.4 称微分同胚 $\boldsymbol{f}$ 光滑同痕于 $\boldsymbol{g}$, 如果存在一个从 $\boldsymbol{f}$ 到 $\boldsymbol{g}$ 的光滑同伦 $F:X\times[0,1]\to Y$, 使得对于每一个 $s\in[0,1]$, 对应的映射

$$\boldsymbol{x}\to F(\boldsymbol{x},s)$$

是 X 到 Y 上的微分同胚.

1.1.4 可积性与 Frobenius 定理

本小节主要讨论将向量场的积分曲线推广至高维情形, 也就是光滑分布的积分流形. 先介绍几个概念.

李导数 令函数 $h: D \to \mathbb{R}$ 和向量场 $\boldsymbol{f}: D \to \mathbb{R}^n$. h 沿 $\boldsymbol{f}$ 的李导数定义为

$$L_{\boldsymbol{f}} h = \frac{\partial h}{\partial \boldsymbol{x}} \boldsymbol{f}(\boldsymbol{x})$$

其中, $\dfrac{\partial h}{\partial \boldsymbol{x}}$ 为 h 的梯度场 $\left(\dfrac{\partial h}{\partial x_1}, \dfrac{\partial h}{\partial x_2}, \cdots, \dfrac{\partial h}{\partial x_n}\right)$. 类似地, 可以给出 h 沿同一个或新的向量场的高阶李导数, 比如:

$$L_{\boldsymbol{g}} L_{\boldsymbol{f}} h(\boldsymbol{x}) = \frac{\partial (L_{\boldsymbol{f}} h)}{\partial \boldsymbol{x}} \boldsymbol{g}(\boldsymbol{x}), \quad L_{\boldsymbol{f}}^2 h(\boldsymbol{x}) = L_{\boldsymbol{f}} L_{\boldsymbol{f}} h(\boldsymbol{x}) = \frac{\partial (L_{\boldsymbol{f}} h)}{\partial \boldsymbol{x}} \boldsymbol{f}(\boldsymbol{x})$$

$$L_{\boldsymbol{f}}^k h(\boldsymbol{x}) = L_{\boldsymbol{f}} L_{\boldsymbol{f}}^{k-1} h(\boldsymbol{x}) = \frac{\partial (L_{\boldsymbol{f}}^{k-1} h)}{\partial \boldsymbol{x}} \boldsymbol{f}(\boldsymbol{x}), \quad L_{\boldsymbol{f}}^0 h(\boldsymbol{x}) = h(\boldsymbol{x})$$

李方括号积 令 $\boldsymbol{f}$, $\boldsymbol{g}$ 是 $D \subseteq \mathbb{R}^n$ 上的两个向量场. 则 $\boldsymbol{f}$ 和 $\boldsymbol{g}$ 的李方括号积 $[\boldsymbol{f}, \boldsymbol{g}]$ 是一个向量场, 定义为

$$[\boldsymbol{f}, \boldsymbol{g}](\boldsymbol{x}) = \frac{\partial \boldsymbol{g}}{\partial \boldsymbol{x}} \boldsymbol{f}(\boldsymbol{x}) - \frac{\partial \boldsymbol{f}}{\partial \boldsymbol{x}} \boldsymbol{g}(\boldsymbol{x})$$

其中, $\dfrac{\partial \boldsymbol{g}}{\partial \boldsymbol{x}}$ 和 $\dfrac{\partial \boldsymbol{f}}{\partial \boldsymbol{x}}$ 是 Jacobi 矩阵. 我们也可重复对 $\boldsymbol{f}$ 和 $\boldsymbol{g}$ 作李方括号积, 下面记号可以用来简化这个过程:

$$\mathrm{ad}_{\boldsymbol{f}}^0 \boldsymbol{g}(\boldsymbol{x}) = \boldsymbol{g}(\boldsymbol{x}), \quad \mathrm{ad}_{\boldsymbol{f}} \boldsymbol{g}(\boldsymbol{x}) = [\boldsymbol{f}, \boldsymbol{g}](\boldsymbol{x}), \quad \mathrm{ad}_{\boldsymbol{f}}^k \boldsymbol{g}(\boldsymbol{x}) = [\boldsymbol{f}, \mathrm{ad}_{\boldsymbol{f}}^{k-1} \boldsymbol{g}](\boldsymbol{x})$$

李方括号积具有下面三条性质.

(1) 双线性性. 令 $\boldsymbol{f}_1, \boldsymbol{f}_2, \boldsymbol{g}_1$ 和 $\boldsymbol{g}_2$ 为向量场, r_1 和 r_2 为实数. 则

$$[r_1 \boldsymbol{f}_1 + r_2 \boldsymbol{f}_2, \boldsymbol{g}_1] = r_1[\boldsymbol{f}_1, \boldsymbol{g}_1] + r_2[\boldsymbol{f}_2, \boldsymbol{g}_1], [\boldsymbol{f}_1, r_1 \boldsymbol{g}_1 + r_2 \boldsymbol{g}_2] = r_1[\boldsymbol{f}_1, \boldsymbol{g}_1] + r_2[\boldsymbol{f}_1, \boldsymbol{g}_2].$$

(2) 反交换律. $[\boldsymbol{f}, \boldsymbol{g}] = -[\boldsymbol{g}, \boldsymbol{f}]$.

(3) Jacobi 恒等式. 令 $\boldsymbol{f}$ 和 $\boldsymbol{g}$ 为向量场, h 为实值函数, 则

$$L_{[\boldsymbol{f}, \boldsymbol{g}]} h(\boldsymbol{x}) = L_{\boldsymbol{f}} L_{\boldsymbol{g}} h(\boldsymbol{x}) - L_{\boldsymbol{g}} L_{\boldsymbol{f}} h(\boldsymbol{x}).$$

分布 分布就是在每一个点上赋予一个线性子空间. 令 $\boldsymbol{f}_1, \boldsymbol{f}_2, \cdots, \boldsymbol{f}_k$ 为 $D \subseteq \mathbb{R}^n$ 上的向量场. 在任一固定点 $\boldsymbol{x} \in D$ 上, $\boldsymbol{f}_1(\boldsymbol{x}), \boldsymbol{f}_2(\boldsymbol{x}), \cdots, \boldsymbol{f}_k(\boldsymbol{x})$ 为 $\mathbb{R}^n$ 上

的向量. 于是把它们张成一个 $\mathbb{R}^n$ 中的线性子空间: $\Delta(\boldsymbol{x})=\text{span}\{\boldsymbol{f}_1(\boldsymbol{x}),\boldsymbol{f}_2(\boldsymbol{x}),\cdots,\boldsymbol{f}_k(\boldsymbol{x})\}$. 这样就对 $D\subseteq\mathbb{R}^n$ 上的点 $\boldsymbol{x}$ 赋予一个线性子空间 $\Delta(\boldsymbol{x})$. 对 D 上所有点都赋予一个线性子空间就称之为分布, 记为 $\Delta=\text{span}\{\boldsymbol{f}_1,\boldsymbol{f}_2,\cdots,\boldsymbol{f}_k\}$.

注意 $\Delta(\boldsymbol{x})$ 的维数:

$$\dim(\Delta(\boldsymbol{x}))=\text{rank}[\boldsymbol{f}_1(\boldsymbol{x}),\boldsymbol{f}_2(\boldsymbol{x}),\cdots,\boldsymbol{f}_k(\boldsymbol{x})]$$

可以随 $\boldsymbol{x}$ 的变化而变化. 如果 $\{\boldsymbol{f}_1(\boldsymbol{x}),\boldsymbol{f}_2(\boldsymbol{x}),\cdots,\boldsymbol{f}_k(\boldsymbol{x})\}$ 对所有的 $\boldsymbol{x}\in D$ 是线性无关的, 即对任意 $\boldsymbol{x}\in D$, 有 $\dim(\Delta(\boldsymbol{x}))=k$. 此时, Δ 称作是 D 上由 $\{\boldsymbol{f}_1,\boldsymbol{f}_2,\cdots,\boldsymbol{f}_k\}$ 生成的 **非奇异分布**.

任意光滑向量场 $\boldsymbol{g}\in\Delta$ 都可表示为 $\boldsymbol{g}(\boldsymbol{x})=\sum_{i=1}^k c_i(\boldsymbol{x})\boldsymbol{f}_i(\boldsymbol{x})$, 其中 $c_i(\boldsymbol{x})$ 是定义在 D 上的光滑函数.

对合分布 分布 Δ 称作是对合的, 如果 $\boldsymbol{g}_1\in\Delta$ 且 $\boldsymbol{g}_2\in\Delta$, 则有 $[\boldsymbol{g}_1,\boldsymbol{g}_2]\in\Delta$.

令 Δ 是 D 上由 $\{\boldsymbol{f}_1,\boldsymbol{f}_2,\cdots,\boldsymbol{f}_k\}$ 生成的非奇异分布. 称 Δ 是对合的, 如果对任意 $1\leqslant i,j\leqslant k$ 有 $[\boldsymbol{f}_i,\boldsymbol{f}_j]\in\Delta$.

余分布 余分布就是分布的对偶. 它由余向量场 (即行向量场) 所定义且有类似分布的性质. 一个重要的余分布是分布的零化子, 记作 $\Delta^\perp$, 定义为

$$\Delta^\perp(\boldsymbol{x})=\{\boldsymbol{\omega}\in(\mathbb{R}^n)^*|\langle\boldsymbol{\omega},\boldsymbol{v}\rangle=0,\ \forall\ \boldsymbol{v}\in\Delta(\boldsymbol{x})\}$$

其中, $(\mathbb{R}^n)^*$ 指 n 维行向量空间, $\langle\cdot,\cdot\rangle$ 表示向量的内积.

完全可积性 令 Δ 为 D 上由 $\{\boldsymbol{f}_1,\boldsymbol{f}_2,\cdots,\boldsymbol{f}_k\}$ 生成的非奇异分布. 则 Δ 称作是完全可积的, 如果对每一 $\boldsymbol{x}_0\in D$, 存在 $\boldsymbol{x}_0$ 的一个邻域 N 和 $n-k$ 个实值光滑函数 $h_1(\boldsymbol{x}),h_2(\boldsymbol{x}),\cdots,h_{n-k}(\boldsymbol{x})$ 使得 $h_1(\boldsymbol{x}),h_2(\boldsymbol{x}),\cdots,h_{n-k}(\boldsymbol{x})$ 满足偏微分方程

$$\frac{\partial h_j}{\partial\boldsymbol{x}}\boldsymbol{f}_i(\boldsymbol{x})=0,\qquad\forall\ 1\leqslant i\leqslant k,\ 1\leqslant j\leqslant n-k$$

以及余向量场 $\mathrm{d}h_j(\boldsymbol{x})$ 对所有 $\boldsymbol{x}\in D$ 是线性无关的. 等价地说, 就是

$$\Delta^\perp=\text{span}\{\mathrm{d}h_1(\boldsymbol{x}),\mathrm{d}h_2(\boldsymbol{x}),\cdots,\mathrm{d}h_{n-k}(\boldsymbol{x})\}$$

定理 1.8 (Frobenius) 一个非奇异分布是完全可积的当且仅当它是对合的.

1.2 常微分方程

本节主要介绍常微分方程的一些基本定理. 这是常微分方程一般理论的基础, 也是阅读本书的必要知识. 本节的主要参考文献是文献 [8]~[12]. 在本书中 $\dot{\boldsymbol{x}}$ 表示 $\dfrac{\mathrm{d}\boldsymbol{x}}{\mathrm{d}t}$.

1.2.1 常微分方程一般性定理

定理 1.9 常微分方程初值解的存在与唯一性. 考虑下面方程 (组):

$$\begin{aligned}\dot{\boldsymbol{x}} &= \boldsymbol{f}(t,\boldsymbol{x})\\ \boldsymbol{x}(t_0) &= \boldsymbol{x}_0\end{aligned} \tag{1.2.1}$$

其中, $\boldsymbol{x}=(x_1,x_2,\cdots,x_n)^{\mathrm{T}}\in\mathbb{R}^n$, $\boldsymbol{f}(t,\boldsymbol{x})$ 是实变量 t 和 n 维向量 $\boldsymbol{x}$ 的 n 维向量值函数. 又设 $\boldsymbol{f}(t,\boldsymbol{x})$ 在闭区域 D

$$|t-t_0|\leqslant a,\quad ||\boldsymbol{x}-\boldsymbol{x}_0||\leqslant b \tag{1.2.2}$$

上连续, 且对 $\boldsymbol{x}$ 满足 Lipschitz 条件:

$$\begin{gathered}||\boldsymbol{f}(t,\boldsymbol{x}_1)-\boldsymbol{f}(t,\boldsymbol{x}_2)||\leqslant L||\boldsymbol{x}_1-\boldsymbol{x}_2||\\ \forall\ (t,\boldsymbol{x}_i)\in D,\quad i=1,2\end{gathered} \tag{1.2.3}$$

其中, Lipschitz 常数 $L>0$. 令

$$M=\max_D||\boldsymbol{f}(t,\boldsymbol{x})||,\quad h=\min\left(a,\frac{b}{M}\right)$$

则方程 (1.2.1) 在区间 $|t-t_0|\leqslant h$ 上有一个解 $\boldsymbol{x}=\boldsymbol{\varphi}(t)$, 且解是唯一的.

方程 (1.2.1) 右端函数满足式 (1.2.2) ~ 式 (1.2.3), 称为对 $\boldsymbol{x}$ 满足局部 Lipschitz 条件, 它是常微分方程满足解存在唯一性的一个容易验证的充分条件, 故本书中如无特别指出, 均默认常微分方程满足局部 Lipschitz 条件.

不管在理论上还是在应用上, 整体性结果都更加受到重视, 局部性结果往往是证明整体性结果的一种手段, 因此我们需要考虑那种既不能再向左延拓, 也不能再向右延拓的解, 即不可再延拓的解.

定理 1.10 常微分方程解的延拓性. 考虑方程 (组):

$$\begin{aligned}\dot{\boldsymbol{x}} &= \boldsymbol{f}(t,\boldsymbol{x})\\ \boldsymbol{x}(t_0) &= \boldsymbol{x}_0\end{aligned} \tag{1.2.4}$$

若 $\boldsymbol{f}(t,\boldsymbol{x})$ 在区域 $D\subseteq\mathbb{R}\times\mathbb{R}^n$ 内连续, 且对 $\boldsymbol{x}$ 满足局部 Lipschitz 条件. 设 $\boldsymbol{x}=\boldsymbol{\varphi}(t)$ 是方程 (1.2.4) 的解, 且其最大存在区间为 $-\infty\leqslant\alpha<t<\beta\leqslant+\infty$, 则有

$$\boldsymbol{\varphi}(\alpha_+)=\lim_{t\to\alpha_+}\boldsymbol{\varphi}(t),\quad \boldsymbol{\varphi}(\beta_-)=\lim_{t\to\beta_-}\boldsymbol{\varphi}(t)$$

存在且 $(\alpha,\boldsymbol{\varphi}(\alpha_+))$ 和 $(\beta,\boldsymbol{\varphi}(\beta_-))$ 是 D 的边界点 (可以是 ∞).

定理 1.11 常微分方程解对初值和参数的连续性. 考虑下面方程 (组):

$$\begin{aligned} \dot{\boldsymbol{x}} &= \boldsymbol{f}(t, \boldsymbol{x}, \boldsymbol{\mu}) \\ \boldsymbol{x}(t_0) &= \boldsymbol{x}_0 \end{aligned} \tag{1.2.5}$$

其中, $\boldsymbol{x} \in \mathbb{R}^n$, $\boldsymbol{\mu} = (\mu_1, \mu_2, \cdots, \mu_m)^{\mathrm{T}} \in \mathbb{R}^m$, $\boldsymbol{f}(t, \boldsymbol{x}, \boldsymbol{\mu})$ 在闭区域 D

$$|t - t_0| \leqslant a, \quad ||\boldsymbol{x} - \boldsymbol{x}_0|| \leqslant b, \quad ||\boldsymbol{\mu} - \boldsymbol{\mu}_0|| \leqslant c$$

上连续, 且对 $\boldsymbol{x}$ 满足 Lipschitz 条件:

$$||\boldsymbol{f}(t, \boldsymbol{x}_1, \boldsymbol{\mu}) - \boldsymbol{f}(t, \boldsymbol{x}_2, \boldsymbol{\mu})|| \leqslant L||\boldsymbol{x}_1 - \boldsymbol{x}_2||$$

$$\forall\ (t, \boldsymbol{x}_i, \boldsymbol{\mu}) \in D, \quad i = 1, 2$$

其中, Lipschitz 常数 $L > 0$. 令

$$M = \max_D ||\boldsymbol{f}(t, \boldsymbol{x}, \boldsymbol{\mu})||, \quad h = \min\left(a, \frac{b}{M}\right)$$

则对于任意满足 $||\boldsymbol{\mu} - \boldsymbol{\mu}_0|| \leqslant c$ 的参数 $\boldsymbol{\mu}$, 方程 (1.2.5) 的解 $\boldsymbol{x} = \boldsymbol{\varphi}(t; \boldsymbol{\mu})$ 在区间 $|t - t_0| \leqslant h$ 上存在且唯一, 且 $\boldsymbol{x} = \boldsymbol{\varphi}(t; \boldsymbol{\mu})$ 是 $(t, \boldsymbol{\mu})$ 的连续函数.

定理 1.12 常微分方程解对参数的可微性. 考虑方程 (组):

$$\begin{aligned} \dot{\boldsymbol{x}} &= \boldsymbol{f}(t, \boldsymbol{x}, \boldsymbol{\mu}) \\ \boldsymbol{x}(t_0) &= \boldsymbol{x}_0 \end{aligned} \tag{1.2.6}$$

其中, $\boldsymbol{x} \in \mathbb{R}^n, \boldsymbol{\mu} \in \mathbb{R}^m$, $\boldsymbol{f}(t, \boldsymbol{x}, \boldsymbol{\mu})$ 在闭区域 D

$$|t - t_0| \leqslant a, \quad ||\boldsymbol{x} - \boldsymbol{x}_0|| \leqslant b, \quad ||\boldsymbol{\mu} - \boldsymbol{\mu}_0|| \leqslant c$$

上连续, 且 $\dfrac{\partial \boldsymbol{f}}{\partial x_j}$ $(j = 1, 2, \cdots, n)$ 和 $\dfrac{\partial \boldsymbol{f}}{\partial \mu_k}$ $(k = 1, 2, \cdots, m)$ 在 D 上连续. 则定理 1.11 的结论成立, 且解 $\boldsymbol{x} = \boldsymbol{\varphi}(t; \boldsymbol{\mu})$ 对 μ_k $(k = 1, 2, \cdots, m)$ 有连续偏导数.

定理 1.13 设定理 1.12 中方程右侧的函数 $\boldsymbol{f}(t, \boldsymbol{x}, \boldsymbol{\mu})$ 对 t 而言是 $r - 1$ 次连续可微的, 对 $\boldsymbol{x}$ 和 $\boldsymbol{\mu}$ 而言是 r 次连续可微的 (包括混合偏导数), 则方程 (1.2.6) 的初值解 $\boldsymbol{x} = \boldsymbol{\varphi}(t, t_0, \boldsymbol{x}_0, \boldsymbol{\mu})$ 对 $t, t_0, \boldsymbol{x}_0, \boldsymbol{\mu}$ 而言是 r 次连续可微的.

定理 1.14 设 $\boldsymbol{f}(t, \boldsymbol{x}, \boldsymbol{\mu})$ 在区域 G 内是 $t, \boldsymbol{x}, \boldsymbol{\mu}$ 的实解析函数, 则方程 (1.2.6) 的初值解 $\boldsymbol{x} = \boldsymbol{\varphi}(t, t_0, \boldsymbol{x}_0, \boldsymbol{\mu})$ 是 $t, t_0, \boldsymbol{x}_0, \boldsymbol{\mu}$ 的实解析函数. 若 $\boldsymbol{f}(t, \boldsymbol{x}, \boldsymbol{\mu})$ 对 t 只是连续, 则方程 (1.2.6) 的解只是对 $\boldsymbol{x}_0, \boldsymbol{\mu}$ 实解析.

下面我们考虑右端函数不显式含有自变量 t 的常微分方程, 即所谓的自治常微分方程/系统:

$$\dot{\boldsymbol{x}} = F(\boldsymbol{x}), \quad \boldsymbol{x} \in D \subseteq \mathbb{R}^n \tag{1.2.7}$$

当方程描述质点运动时, t 表示时间; $\mathbb{R}^n$ 称为相空间; $\mathbb{R} \times \mathbb{R}^n = (t, \boldsymbol{x})$ 称为增广相空间; 解 $\boldsymbol{x}(t)$ 在相空间中描述的图形称为质点的运动轨线, 简称轨线. 对于自治系统, 在相空间上的每一点, 只有唯一的轨线通过. 对于非自治系统则无此性质.

从直观上看, 下面的直化定理是说: 非奇点附近的向量场可以近似地看作一族常值平行向量场, 也就是平行直线. 这个定理揭示了非奇点附近向量场的本质.

定理 1.15 (直化定理) 假设微分方程 (1.2.7) 中 $F(\boldsymbol{x}) \in \mathrm{C}^m, 1 \leqslant m \leqslant +\infty$ (即 m 阶光滑), $\boldsymbol{x}^0 \in D \subseteq \mathbb{R}^n$ 是它的一个常点 (即非平衡点), 则存在 $\boldsymbol{x}^0$ 点的一个邻域 $U(\boldsymbol{x}^0)$ 及其上的 C^m 微分同胚 $\varPhi$, 它将 $U(\boldsymbol{x}^0)$ 内方程 (1.2.7) 的解轨线对应为 $\mathbb{R}^n$ 内原点邻域的一族平行线段; 也可以说, 它将 $U(\boldsymbol{x}^0)$ 内方程 (1.2.7) 的向量场映射为 $\mathbb{R}^n$ 内原点邻域的一族平行常值向量场.

令 $\boldsymbol{\varphi}(t, P)$ 表示方程 (1.2.7) 当 $t=0$ 时过点 P 的解. 设 $\boldsymbol{\varphi}(t, P)$ 的定义区间为 $(-\infty, +\infty)$, 则对每个固定的 t, $\boldsymbol{\varphi}(t, P)$ 定义了开区域 D 到 D 自身的一个变换. 当 $t \in \mathbb{R}$ 时对任何 $P \in D$ 有 $\boldsymbol{\varphi}(t, P) \in D$, 也可表示为

$$\boldsymbol{\varphi}(t, \cdot) : D \to D, \quad t \in \mathbb{R}$$

或者

$$\boldsymbol{\varphi} : \mathbb{R} \times D \to D$$

单参数变换 $\boldsymbol{\varphi}(t, \cdot)$ 满足下面性质:

(1) $\boldsymbol{\varphi}(0, P) = P$;

(2) $\boldsymbol{\varphi}(t, P)$ 对 t, P 连续;

(3) $\boldsymbol{\varphi}(t_2, \boldsymbol{\varphi}(t_1, P)) = \boldsymbol{\varphi}(t_1 + t_2, P)$.

性质 1 说明 $t = 0$ 时等同于恒同变换; 性质 2 说明变换是连续的; 性质 3 说明 $\boldsymbol{\varphi}(t_1, P)$ 存在逆变换 $\boldsymbol{\varphi}(-t_1, P)$. 于是所有这些变换组成一个群, 称为 $D \to D$ 的单参数连续变换群.

定义 1.5 常微分方程 (组) (1.2.7) 与常微分方程 (组) $\dot{\boldsymbol{x}} = H(\boldsymbol{x})$ **等价**, 如果它们的轨线在相空间 $\mathbb{R}^n$ 的几何图形两两重合 (包括奇点), 即它们具有相同的轨线.

定理 1.16 常微分方程 (组) (1.2.7) 的右侧函数 $F(\boldsymbol{x})$ 在开区域 $D \subseteq \mathbb{R}^n$ 上连续, 且满足局部 Lipschitz 条件, 则在 D 上存在与式 (1.2.7) 等价的微分方程 (组), 而它的所有解的存在区间均为无限的.

定义 1.6 若存在 $T>0$ 使得对一切 t 有

$$\varphi(t+T,P)=\varphi(t,P)$$

则称 $\varphi(t,P)$ 为**周期运动**.

显然对一切整数 n 有 $\varphi(t+nT,P)=\varphi(t,P)$. 我们称满足等式 $\varphi(t+T,P)=\varphi(t,P)$ 的最小正实数 T 是周期运动 $\varphi(t,P)$ 的周期. 我们一般认为的周期运动是指存在最小正周期的周期运动.

例 1.1 考虑自治系统

$$\begin{aligned}\dot{x}&=-y+x[1-(x^2+y^2)]\\ \dot{y}&=x+y[1-(x^2+y^2)]\end{aligned}$$

令 $r=\sqrt{x^2+y^2}$. 此方程有两个特殊解 (图 1.1), 一个是 $r=0$, 另一个是 $r=1$. 其中 $r=0$ 对应着原点, 此解没有最小正周期, 可看作平凡的周期解; $r=1$ 对应着单位圆, 有最小正周期, 是 (非平凡) 周期解.

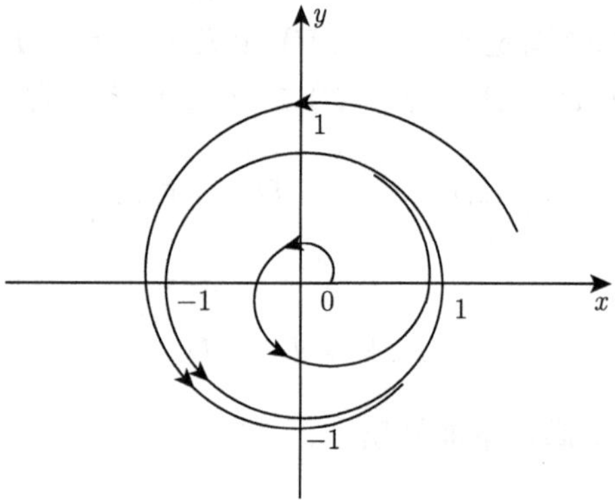

图 1.1 极限环

1.2.2 平面上的常微分方程

考虑二维自治系统

$$\begin{aligned}\dot{x}&=p(x,y)\\ \dot{y}&=q(x,y)\end{aligned}\tag{1.2.8}$$

其中, $(x,y)\in\mathbb{R}^2$, $p(x,y)$, $q(x,y)$ 满足局部 Lipschitz 条件. 由定理 1.16, 可假设系统 (1.2.8) 每个解的存在区间为 $(-\infty,+\infty)$.

定理 1.17 (Jordan) 任意 $\mathbb{R}^2$ 中的简单闭曲线 L 必将 $\mathbb{R}^2$ 分为两部分 D_1 与 D_2, 其中有界的部分称为**内部**, 无界的称为**外部**. 自 D_1 中的任一点到 D_2 中的任一点的连续曲线必定与 L 相交.

定义 1.7 若点 (x_0, y_0) 使 $p(x_0, y_0) = 0$, $q(x_0, y_0) = 0$, 则称 (x_0, y_0) 为系统 (1.2.8) 的**平衡点**或**零点**.

我们把孤立的闭轨线 (周期解) 称为**极限环**, 即存在此闭轨线的一个邻域, 在这个邻域内没有其他闭轨线, 如例 1.1 中的闭轨线 $r = 1$.

定义 1.8 如果存在包含极限环 Γ 的环形区域 U, 使得从 U 内出发的轨线当 $t \to +\infty$ 时都渐近趋于极限环 Γ, 则称极限环 Γ 是**稳定的**. 否则称为**不稳定的**.

定理 1.18 闭轨线内一定有奇点. 特别地, 极限环内一定有奇点.

定理 1.19 (Bendixson) 如果在某个单连通区域 D 内 $\dfrac{\partial p}{\partial x} + \dfrac{\partial q}{\partial y}$ 不变号且不在 D 的任何子区域内恒为零, 则系统 (1.2.8) 在 D 内无闭轨线.

定理 1.20 (Dulac) 若有连续函数 $k(x, y) \neq 0, \forall\ (x, y) \in D$, 且有连续偏导数, 使得系统

$$\begin{aligned} \dot{x} &= k(x, y)p(x, y) \\ \dot{y} &= k(x, y)q(x, y) \end{aligned} \tag{1.2.9}$$

满足定理 1.19 的条件, 则系统 (1.2.8) 在 D 内无闭轨线.

令 $\boldsymbol{\varphi}(t, \boldsymbol{x}_0)$ 为系统 (1.2.8) 初值为 $\boldsymbol{x}_0$ 的轨线, 即 $\boldsymbol{\varphi}(0, \boldsymbol{x}_0) = \boldsymbol{x}_0$. 根据定理 1.16, 我们不妨直接假设 $\boldsymbol{\varphi}(t, \boldsymbol{x}_0)$ 的存在区间为 $t \in (-\infty, +\infty)$. 下面我们将主要讨论轨线 $\boldsymbol{\varphi}(t, \boldsymbol{x}_0)$ 当 $t \to +\infty$ 和 $t \to -\infty$ 时的状态.

定义 1.9 若存在序列 $t_n \to +\infty$ 使得 $\boldsymbol{\varphi}(t_n, \boldsymbol{x}_0) \to \bar{x}$, 则称 $\bar{x}$ 为轨线 $\boldsymbol{\varphi}(t, \boldsymbol{x}_0)$ 的**正极限点**. 称 $\boldsymbol{\varphi}(t, \boldsymbol{x}_0)$ 所有的正极限点的集合为 $\boldsymbol{\varphi}(t, \boldsymbol{x}_0)$ 的**正极限集**, 记作 $L_+(\boldsymbol{x}_0)$. 类似地, 考虑 $t \to -\infty$, 得到轨线 $\boldsymbol{\varphi}(t, \boldsymbol{x}_0)$ 的**负极限点**与**负极限集** $L_-(\boldsymbol{x}_0)$ 的定义.

定理 1.21 (Poincare-Bendixson) 对二维自治系统 (1.2.8), 若其极限集非空, 有界, 不包含平衡点, 则一定是一条闭轨线.

推论 1.1 平面有界区域内的正 (负) 半轨线的极限集只可能是以下三类之一:

(1) 平衡点;

(2) 闭轨线;

(3) 平衡点与 $t \to +\infty$, $t \to -\infty$ 时趋于这些平衡点的轨线.

推论 1.2 如果系统 (1.2.8) 的轨线在环形区域 U 的边界上总是由外向内, 且系统 (1.2.8) 在 U 内无平衡点, 则在 U 内至少有一个闭轨线 (周期解). 进一步, 如果在环形区域 U 内的闭轨线是唯一的, 则此闭轨线是稳定的极限环.

1.2.3 Gronwall 不等式与比较原理

定理 1.22 (Gronwall 不等式) 设函数 $\varphi(t)$ 和 $g(t)$ 为区间 $[t_0, t_1]$ 上的连续非负函数, 且常数 $\lambda > 0$. 若 $\varphi(t)$ 满足不等式

$$\varphi(t) \leqslant \lambda + \int_{t_0}^{t} \varphi(s)g(s)\mathrm{d}s, \qquad t_0 \leqslant t \leqslant t_1$$

则有

$$\varphi(t) \leqslant \lambda \exp\left(\int_{t_0}^{t} g(s)\mathrm{d}s\right), \qquad t_0 \leqslant t \leqslant t_1$$

定义 1.10　函数 $v(t)$ 的**上右导数** $D^+v(t)$ 定义为

$$D^+v(t) \triangleq \limsup_{h\to 0^+} \frac{v(t+h)-v(t)}{h}$$

定理 1.23 (比较原理)　考虑下面常微分方程

$$\dot{u} = f(t,u), \qquad u(t_0) = u_0, \qquad t \geqslant t_0, \qquad u \in J \subseteq \mathbb{R}$$

其中, 函数 $f(t,u)$ 对 t 是连续的且对 u 是局部 Lipschitz 的. 令 $[t_0,T)$ (T 可为无穷) 是解的最大存在区间. 设对任意 $t\in[t_0,T)$ 有 $u(t)\in J$. 如果 $v(t)\in J$ 为在区间 $[t_0,T)$ 上的连续函数且其上右导数 $D^+v(t)$ 满足下面微分不等式

$$D^+v(t) \leqslant f(t,v(t)), \qquad v(t_0) \leqslant u_0$$

则对任意 $t\in[t_0,T)$, 有 $v(t)\leqslant u(t)$.

1.2.4　稳定性理论

考虑 n 维自治系统

$$\dot{\boldsymbol{x}} = \boldsymbol{f}(\boldsymbol{x}) \tag{1.2.10}$$

$\boldsymbol{f}: D\to\mathbb{R}^n$ 是从区域 $D\subseteq\mathbb{R}^n$ 到 $\mathbb{R}^n$ 的局部 Lipschitz 映射. 不妨设 $\mathbf{0}$ 是系统 (1.2.10) 的平衡点, 即 $\boldsymbol{f}(\mathbf{0})=\mathbf{0}$.

定义 1.11　系统 (1.2.10) 的平衡点 $\boldsymbol{x}=\mathbf{0}$ 满足:

(1) **稳定的**, 如果对任意 $\epsilon>0$, 存在 $\delta=\delta(\epsilon)>0$, 使得

$$\|\boldsymbol{x}(0)\|<\delta \Rightarrow \|\boldsymbol{x}(t)\|<\epsilon,\ \forall\, t\geqslant 0.$$

(2) **不稳定的**, 如果系统 (1.2.10) 不是稳定的.

(3) **渐近稳定的**, 如果系统 (1.2.10) 是稳定的, 且存在 $\delta>0$ 使得

$$\|\boldsymbol{x}(0)\|<\delta \Rightarrow \lim_{t\to+\infty}\|\boldsymbol{x}(t)\|=0.$$

定理 1.24 (李雅普诺夫) 令 $\boldsymbol{x}=\mathbf{0}$ 是系统 (1.2.10) 的平衡点及 $D\subseteq\mathbb{R}^n$ 是包含点 $\boldsymbol{x}=\mathbf{0}$ 的区域. 如果存在连续可微函数 $V:D\to\mathbb{R}$, 使得

$$V(\mathbf{0})=0,\ V(\boldsymbol{x})>0,\boldsymbol{x}\in D\setminus\mathbf{0} \tag{1.2.11}$$

$$\dot{V}(\boldsymbol{x})\leqslant 0,\ \boldsymbol{x}\in D \tag{1.2.12}$$

则 $\boldsymbol{x}=\mathbf{0}$ 是稳定的. 进一步, 如果

$$\dot{V}(\boldsymbol{x})<0,\ \boldsymbol{x}\in D\setminus\mathbf{0} \tag{1.2.13}$$

则 $\boldsymbol{x}=\mathbf{0}$ 是渐近稳定的.

$\dot{V}(\boldsymbol{x})$ 称为全导数, $\dot{V}(\boldsymbol{x})=\dfrac{\partial V(\boldsymbol{x})}{\partial\boldsymbol{x}}\dot{\boldsymbol{x}}=\dfrac{\partial V(\boldsymbol{x})}{\partial\boldsymbol{x}}\boldsymbol{f}(\boldsymbol{x})$, 其中

$$\frac{\partial V(\boldsymbol{x})}{\partial\boldsymbol{x}}=\mathbf{grad}V(\boldsymbol{x})=\left[\begin{array}{cccc}\dfrac{\partial V(\boldsymbol{x})}{\partial x_1}, & \dfrac{\partial V(\boldsymbol{x})}{\partial x_2}, & \cdots, & \dfrac{\partial V(\boldsymbol{x})}{\partial x_n}\end{array}\right].$$

我们称满足式 (1.2.11) 和式 (1.2.12) 的连续可微函数 $V(\boldsymbol{x})$ 为**李雅普诺夫函数**. 而只满足式 (1.2.11) 的函数称为**待定李雅普诺夫函数**.

定义 1.12 令系统 (1.2.10) 是渐近稳定的, $\boldsymbol{\varphi}(t,\boldsymbol{x})$ 为系统 (1.2.10) 以点 $\boldsymbol{x}$ 为初值的解. 系统 (1.2.10) 的**吸引域**是满足如下条件:

$$\lim_{t\to+\infty}\boldsymbol{\varphi}(t,\boldsymbol{x})\to\mathbf{0}$$

点 $\boldsymbol{x}$ 的集合, 如果对任何的初值 $\boldsymbol{x}$ 都满足上面性质, 则系统 (1.2.10) 称为是**全局渐近稳定**的.

可以证明吸引域是个开集, 且是单连通的, 但一般不会是系统的整个定义区域 D 或是全空间 $\mathbb{R}^n$. 如果吸引域是 D 或 $\mathbb{R}^n$, 系统需要满足更多的条件. 下面对 $D=\mathbb{R}^n$ 时讨论系统的全局渐近稳定性.

定义 1.13 函数 $V(\boldsymbol{x})$ 称为是**径向无界的**, 如果

$$V(\boldsymbol{x})\to+\infty,\ \text{当}\ \|\boldsymbol{x}\|\to+\infty.$$

定理 1.25 (Barbashin-Krasovskii) 令 $\boldsymbol{x}=\mathbf{0}$ 是系统 (1.2.10) 的平衡点, $V:\mathbb{R}^n\to\mathbb{R}$ 是连续可微函数, 满足:

(1) $V(\mathbf{0})=0,\ V(\boldsymbol{x})>0,\ \boldsymbol{x}\neq\mathbf{0}$,

(2) $\|\boldsymbol{x}\|\to+\infty\Rightarrow V(\boldsymbol{x})\to+\infty$,

(3) $\dot{V}(\boldsymbol{x})<0,\ \boldsymbol{x}\neq\mathbf{0}$,

则 $\boldsymbol{x}=\mathbf{0}$ 是全局渐近稳定的.

特别地, 对线性系统虽然可用上面的李雅普诺夫函数法研究其稳定性, 但线性系统也有其特定的方法来研究稳定性. 下面介绍著名的 Routh-Hurwitz 判据. 考虑如下自治线性系统, 也称定常线性系统

$$\dot{\boldsymbol{x}} = \boldsymbol{A}\boldsymbol{x}, \quad \boldsymbol{x} \in \mathbb{R}^n \tag{1.2.14}$$

定理 1.26 1. 如果 $\boldsymbol{A}$ 的所有特征值都有非正实部, 并且它的具有零实部的特征值是它的最小多项式的单根, 则系统 (1.2.14) 是稳定的, 否则就是不稳定的.

2. 系统 (1.2.14) 是渐近稳定的充分必要条件是 $\boldsymbol{A}$ 的所有特征值都有负实部.

定义 1.14 如果 $\boldsymbol{A}$ 的特征值都有负实部, 则称它为**稳定矩阵**. 稳定矩阵的特征多项式称为**稳定多项式**或 **Hurwitz 多项式**[①].

为了研究线性系统的稳定性, 首先要根据矩阵 $\boldsymbol{A}$ 求出它的特征多项式

$$f(\lambda) = \det(\lambda \boldsymbol{I}_n - \boldsymbol{A}) = \lambda^n + \alpha_{n-1}\lambda^{n-1} + \cdots + \alpha_1\lambda + \alpha_0$$

然后由 $f(\lambda)$ 的系数排成如下 $n \times n$ 阶方阵 $\boldsymbol{H}_n$:

$$\boldsymbol{H}_n = \begin{bmatrix} \alpha_{n-1} & 1 & 0 & 0 & \cdots & 0 \\ \alpha_{n-3} & \alpha_{n-2} & \alpha_{n-1} & 1 & \cdots & 0 \\ \alpha_{n-5} & \alpha_{n-4} & \alpha_{n-3} & \alpha_{n-2} & \cdots & 0 \\ \vdots & \vdots & \vdots & \vdots & & \vdots \\ 0 & 0 & 0 & 0 & \cdots & \alpha_0 \end{bmatrix}$$

在 $\boldsymbol{H}_n$ 中, 当 $n < i$ 时, $\alpha_{n-i} = 0$. 通常称 $\boldsymbol{H}_n$ 为 $f(\lambda)$ 的 Hurwitz 矩阵, 它的主对角线上的元就是 $f(\lambda)$ 的多项式系数. 如果 $f(\lambda) = \lambda^5 + \alpha_4\lambda^4 + \alpha_3\lambda^3 + \alpha_2\lambda^2 + \alpha_1\lambda + \alpha_0$, 则有

$$\boldsymbol{H}_5 = \begin{bmatrix} \alpha_4 & 1 & 0 & 0 & 0 \\ \alpha_2 & \alpha_3 & \alpha_4 & 1 & 0 \\ \alpha_0 & \alpha_1 & \alpha_2 & \alpha_3 & \alpha_4 \\ 0 & 0 & \alpha_0 & \alpha_1 & \alpha_2 \\ 0 & 0 & 0 & 0 & \alpha_0 \end{bmatrix}$$

Hurwitz 矩阵的主子式记为 $\Delta_1, \Delta_2, \cdots, \Delta_n$, 它们分别定义为

$$\Delta_1 = \alpha_{n-1}$$

$$\Delta_2 = \det \begin{bmatrix} \alpha_{n-1} & 1 \\ \alpha_{n-3} & \alpha_{n-2} \end{bmatrix}$$

① 在控制理论中, 如果没有明确指出, 稳定性一般默认指渐近稳定性.

$$\Delta_3 = \det\begin{bmatrix} \alpha_{n-1} & 1 & 0 \\ \alpha_{n-3} & \alpha_{n-2} & \alpha_{n-1} \\ \alpha_{n-5} & \alpha_{n-4} & \alpha_{n-3} \end{bmatrix}$$

$$\vdots \tag{1.2.15}$$

$$\Delta_{n-1} = \det\begin{bmatrix} \alpha_{n-1} & 1 & 0 & 0 & \cdots & 0 \\ \alpha_{n-3} & \alpha_{n-2} & \alpha_{n-1} & 1 & \cdots & 0 \\ \alpha_{n-5} & \alpha_{n-4} & \alpha_{n-3} & \alpha_{n-2} & \cdots & 0 \\ \vdots & \vdots & \vdots & \vdots & & \vdots \\ 0 & 0 & 0 & 0 & \cdots & \alpha_1 \end{bmatrix}$$

$$\Delta_n = \det H_n = \alpha_0 \Delta_{n-1}$$

Δ_1, Δ_2, $\cdots$, Δ_n 称为 Hurwitz 行列式.

定理 1.27 (Routh-Hurwitz) *n 次多项式 $f(\lambda) = \lambda^n + \alpha_{n-1}\lambda^{n-1} + \cdots + \alpha_1\lambda + \alpha_0$ 是稳定的充分必要条件为: 它的 Hurwitz 行列式皆为正, 即 $\Delta_i > 0$, $i = 1, 2, \cdots, n$.*

1.3 实代数几何

本节主要介绍实代数几何和数学机械化理论中的一些基本知识. 主要参考文献是文献 [13]~[15].

1.3.1 Sturm 定理

令 $\mathbb{R}[x]$ 表示实数域 $\mathbb{R}$ 上的多项式环. 如无特别指出, 本书中讨论的多项式均指实系数多项式. 又令 $F, G \in \mathbb{R}[x]$ 是关于 x 的次数分别为 m 和 n 的多项式. 它们可写成如下形式:

$$\begin{aligned} F(x) &= a_0x^m + a_1x^{m-1} + \cdots + a_{m-1}x + a_m \\ G(x) &= b_0x^n + b_1x^{n-1} + \cdots + b_{n-1}x + b_n \end{aligned} \tag{1.3.1}$$

由此我们可构造一个 $m+n$ 阶方阵:

$$S=\begin{pmatrix} a_0 & a_1 & \cdots & a_m & & & \\ & a_0 & a_1 & \cdots & a_m & & \\ & & \ddots & \ddots & \ddots & \ddots & \\ & & & a_0 & a_1 & \cdots & a_m \\ b_0 & b_1 & \cdots & b_n & & & \\ & b_0 & b_1 & \cdots & b_n & & \\ & & \ddots & \ddots & \ddots & \ddots & \\ & & & b_0 & b_1 & \cdots & b_n \end{pmatrix} \begin{array}{l} \text{此线上面有 } n \text{ 行} \\ \hline \text{此线下面有 } m \text{ 行} \end{array} \tag{1.3.2}$$

其中除了 F, G 的系数所处位置外的元素均为 0. 我们称该方阵为 F 和 G 关于 x 的 **Sylvester 矩阵**.

定义 1.15 Sylvester 矩阵 $\boldsymbol{S}$ 的行列式称为 $F(x)$ 和 $G(x)$ 关于 x 的**结式**, 记作 $\operatorname{res}(F, G, x)$.

特别地, 如果 $F(x)$ 或 $G(x)$ 为常数, 比如 $F=a_0 \in \mathbb{R}$, 则 $\operatorname{res}(F, G, x)=a_0^n$; 如 $G=b_0 \in \mathbb{R}$, 则 $\operatorname{res}(F, G, x)=b_0^m$. 另外规定, 如果 $F(x)$ 或 $G(x)$ 为常数, 若 $F(x)=G(x)=0$, 则 $\operatorname{res}(F, G, x)=0$; 否则 $\operatorname{res}(F, G, x)=1$.

定理 1.28 如果 $F(x)$ 和 $G(x)$ 是正次数多项式, 则存在非零多项式 $A, B \in \mathbb{R}[x]$, 使得

$$AF+BG=\operatorname{res}(F, G, x) \tag{1.3.3}$$

而且 $\deg(A, x)<\deg(G, x)$, $\deg(B, x)<\deg(F, x)$, 其中 $\deg(\cdot, x)$ 表示多项式对变量 x 的次数. 如果是单变量, 也可简记为 $\deg F(x)$.

推论 1.3 如果 $F(x)$ 和 $G(x)$ 是正次数多项式且 $a_0 \neq 0$ 或者 $b_0 \neq 0$, 则 $F(x)$ 和 $G(x)$ 有非平凡公因子的充分必要条件是 $\operatorname{res}(F, G, x)=0$. 进一步, 在复数域内 $F(x)$ 和 $G(x)$ 有公共根的充分必要条件是 $\operatorname{res}(F, G, x)=0$.

我们知道实系数多项式方程 (组) 必定具有复数解, 但未必具有实数解. 然而它的实根存在性在本书中具有重要意义. 下面将回顾一下这方面的一些经典结果.

定义 1.16 实有理函数 $R(x)$ 在区间 (a, b) 上的**柯西指标**是指当 x 从 a 变到 b 时, $R(x)$ 从 $-\infty$ 跳到 $+\infty$ 的断点数与从 $+\infty$ 跳到 $-\infty$ 的断点数之差, 记作 $I_a^b R(x)$, 其中 a, b 可以是 $-\infty$ 和 $+\infty$.

设有理函数 $R(x)=S(x)+\displaystyle\sum_{i=1}^k \frac{c_i}{x-\alpha_i}$, 其中 c_i, $\alpha_i \in \mathbb{R}$, $S(x)$ 是一个有理函数且其分母没有实根, 即任何实数都不是 $S(x)$ 的无穷间断点 (极点). 如果区间 (a, b) 恰好有一个 α_i, 则 $I_a^b R(x)=\operatorname{sgn}(c_i)$, 其中 sgn 是符号函数. 于是

$$I_{-\infty}^{+\infty} R(x) = \sum_{i=1}^{k} \operatorname{sgn}(c_i).$$

定理 1.29 1. 非零实系数多项式 $f(x)$ 在区间 (a,b) 上的不同实根个数等于 $I_a^b \dfrac{f'(x)}{f(x)}$ ①, 其中 $f'(x)$ 为 $f(x)$ 的导函数.

2. 任给两个非零实系数多项式 $f(x)$, $g(x)$, $I_a^b \dfrac{f'(x)g(x)}{f(x)} = f_{g+} - f_{g-}$, 其中

$$f_{g+} = \operatorname{card}(\{\alpha \in (a,b) | f(\alpha) = 0,\ g(\alpha) > 0\})$$

$$f_{g-} = \operatorname{card}(\{\alpha \in (a,b) | f(\alpha) = 0,\ g(\alpha) < 0\})$$

$\operatorname{card}(\cdot)$ 表示括号中集合的基数.

下面给出柯西指标的计算方法. 由之可得到计算实系数多项式互异实根数的算法. 设 $a_1, a_2, \cdots, a_k$ 是非零实数序列, 它的**变号数**定义为集合 $\{a_i a_{i+1} | 1 \leqslant i \leqslant k-1\}$ 中负数的个数, 即

$$\sum_{i=1}^{k-1} \frac{1 - \operatorname{sgn}(a_i a_{i+1})}{2}$$

记作 $\operatorname{Var}(a_1, a_2, \cdots, a_k)$, 如 $\operatorname{Var}(1, -2, 1, 4, 3, -6, -9, 5) = 4$.

下面我们将介绍一个关于多项式实根的经典结果——Sturm 定理, 它给出了一个确定多项式 $f(x)$ 在任意区间里实根精确个数的方法.

定义 1.17 如果非零实系数多项式序列

$$F_0(x),\ F_1(x),\ \cdots,\ F_s(x) \tag{1.3.4}$$

在区间 $[a,b]$ 上满足下列条件:

(1) $F_s(x)$ 在 $[a,b]$ 上没有实根;

(2) $F_0(a)F_0(b) \neq 0$;

(3) 如果存在 $c \in [a,b]$ 及 $0 < i < s$ 使得 $F_i(c) = 0$, 那么 $F_{i-1}(c)F_{i+1}(c) < 0$;

(4) 如对 $F_0(c) = 0$, 则存在开区间 (c_1, c) 与 (c, c_2) 使得对任一 $u \in (c_1, c)$ 有 $F_0(u)F_1(u) < 0$ 且对任一 $u \in (c, c_2)$ 有 $F_0(u)F_1(u) > 0$,

则称序列 (1.3.4) 为 $[a,b]$ 上的一个以 $(F_0,\ F_1)$ 开始的 **Sturm 多项式序列**.

这样我们可以不妨假设 $F_i(a)F_i(b) \neq 0,\ 0 \leqslant i \leqslant s$. 否则可以取一个充分小的 ϵ, 在 $(a+\epsilon, b-\epsilon)$ 上讨论. 显然序列 (1.3.4) 中任意相邻的多项式在 (a,b) 上没有公共根.

① "不同实根" 意味着根是两两不相等的, 即重根在这里只算作一个根.

用一个非零多项式 (同样可以假设 a,b 不是该多项式的根) 遍乘 (1.3.4) 的各项所得的序列称为**广义 Sturm 多项式序列**.

任意给定 $G_0(x)$, $G_1(x) \in \mathbb{R}[x]$, 可以用辗转相除法构造 (广义) Sturm 多项式序列. 其过程如下.

用 $G_0(x)$ 除以 $G_1(x)$, 并将余式反号, 记为 $G_2(x)$, 即可写成:

$$G_0(x) = Q(x)G_1(x) - G_2(x), \qquad \deg G_2(x) < \deg G_1(x)$$

其中, $Q(x)$ 为 $G_0(x)$ 除以 $G_1(x)$ 的商, $-G_2(x)$ 为余式. 类似地, 如果 $G_{k-1}(x)$ 和 $G_k(x)$ 已得, 则 $G_{k-1}(x)$ 除以 $G_k(x)$ 的余式记为 $-G_{k+1}(x)$. 依此下去, 直到某个多项式为零. 具体计算如下:

$$\begin{aligned} G_2(x) &= -\mathrm{rem}(G_0(x), G_1(x)) \\ &\vdots \\ G_{k+1}(x) &= -\mathrm{rem}(G_{k-1}(x), G_k(x)) \\ &\vdots \\ G_s(x) &= -\mathrm{rem}(G_{s-2}(x), G_{s-1}(x)) \neq 0 \\ G_{s+1}(x) &= -\mathrm{rem}(G_{s-1}(x), G_s(x)) = 0 \end{aligned}$$

其中, $\mathrm{rem}(a(x), b(x))$ 表示多项式 $a(x)$ 除以 $b(x)$ 的余式.

根据辗转相除法有 $G_s(x)$ 是 $G_0(x)$ 和 $G_1(x)$ 的最大公因子. 用 $\gcd(\cdot,\cdot)$ 表示两个多项式的最大公因子, 则有 $G_s(x) = \gcd(G_0(x), G_1(x))$. 如果 $G_s(x)$ 在区间 $[a,b]$ 上没有根, 则 $G_0, G_1, \cdots, G_s$ 是一 Sturm 序列; 否则用 $G_s(x)$ 除序列中的各项就是一 Sturm 序列, 即 $G_0, G_1, \cdots, G_s$ 是一广义 Sturm 序列.

(广义) Sturm 序列 $F_0(x), F_1(x), \cdots, F_s(x)$ 在 $x = r$ 时的**变号数**是指从实数序列 $F_0(r), F_1(r), \cdots, F_s(r)$ 中删除 0 后剩下的实数列的变号数, 记作 $\mathrm{Var}(F_0, F_1; r)$ 或 $\mathrm{Var}(r)$, 如 $\mathrm{Var}(1,-2,1,0,0,4,3,-6,-9,0,5) = \mathrm{Var}\ (1,-2,1,4,3,-6,-9,5) = 4$.

定理 1.30 设 $F_0(x), F_1(x), \cdots, F_s(x)$ 是区间 (a,b) 上的 Sturm 序列, 则

$$I_a^b \frac{F_1(x)}{F_0(x)} = \mathrm{Var}(a) - \mathrm{Var}(b).$$

定理 1.31 (Sturm) 设 $f(x) \in \mathbb{R}[x]$, $f(a)f(b) \neq 0$. 则 $f(x)$ 在 (a,b) 上的互异实根个数等于

$$\mathrm{Var}(f, f'; a) - \mathrm{Var}(f, f'; b)$$

其中, f' 为 f 的导函数. 特别地, $f(x)$ 的互异实根个数等于 $\mathrm{Var}(f,f';-\infty)-\mathrm{Var}(f,f';+\infty)$.

定理 1.32 (Sturm-Tarski) 设 $f(x),g(x)\in\mathbb{R}[x]$, $f(a)f(b)\neq 0$, 且令 $r=\mathrm{rem}(f'(x)g(x),f(x))$, 其中 f' 为 f 的导函数. 则

$$\mathrm{Var}(f,f'g;a)-\mathrm{Var}(f,f'g;b)=\mathrm{Var}(f,r;a)-\mathrm{Var}(f,r;b)=f_{g+}-f_{g-}$$

其中

$$f_{g+}=\mathrm{card}(\{\alpha\in(a,b)|f(\alpha)=0,\ g(\alpha)>0\})$$
$$f_{g-}=\mathrm{card}(\{\alpha\in(a,b)|f(\alpha)=0,\ g(\alpha)<0\})$$

显然, Sturm 定理给出了一个计算多项式 f 互异实根个数 (或在指定区间上实根个数) 的算法. 可是此算法是所谓 “在线” 的, 对于常值系数多项式特别高效, 然而对于参数系数时则一般效率很低.

下面介绍两个经典定理 (Budan-Fourier 定理和 Descartes 符号法则). 虽然它们一般不能给出实根的准确个数, 但胜在算法简明, 实用性强.

设 $F(x)\in\mathbb{R}[x]$ 为 m 次实系数多项式, 计算它的各阶导函数

$$F(x),\ F'(x),\ F''(x),\cdots,\ F^{(m-1)}(x),\ F^{(m)}(x) \tag{1.3.5}$$

下面讨论 $F(x)$ 在 $[a,b]$ 上的实根时, 一般假设 $F(a)F(b)\neq 0$. 否则总可以选取充分小正数 ϵ 使得区间 $[a,a+\epsilon)$ 和 $(b-\epsilon,b]$ 上不包含序列 (1.3.5) 中任何多项式除 a, b 以外的根. 于是我们可以等价地在 $[a+\epsilon,b-\epsilon]$ 上讨论 $F(x)$ 的实根. 因此我们在讨论 $F(x)$ 在 $[a,b]$ 上的根时, 总是默认 a, b 不是序列 (1.3.5) 中任何多项式的实根.

定理 1.33 (Budan-Fourier 定理) 如果两个实数 $a<b$ 都不是实系数多项式 $F(x)\in\mathbb{R}[x]$ 的根, 则 $F(x)$ 在 $[a,b]$ 上实根的个数 (重根按重数计) 等于 $V(a)-V(b)$, 或比其少一个正偶数, 其中 $V(\cdot)$ 表示序列 (1.3.5) 的变号数.

定理 1.34 (Descartes 符号法则) 实系数多项式 $F(x)\in\mathbb{R}[x]$ 的正根个数 (重根按重数计) 等于它的系数列的变号数, 或是比其少一个正偶数.

定理 1.35 如果实系数多项式 $F(x)\in\mathbb{R}[x]$ 的根全是实根, 则它的正根个数 (重根按重数算) 等于它的系数序列的变号数.

例如, 令矩阵

$$
\boldsymbol{A}=\begin{pmatrix}
1&2&3&0&0&0&0&0&0&0\\
2&1&2&3&0&0&0&0&0&0\\
3&2&1&2&3&0&0&0&0&0\\
0&3&2&1&2&3&0&0&0&0\\
0&0&3&2&1&2&3&0&0&0\\
0&0&0&3&2&1&2&3&0&0\\
0&0&0&0&3&2&1&2&3&0\\
0&0&0&0&0&3&2&1&2&3\\
0&0&0&0&0&0&3&2&1&2\\
0&0&0&0&0&0&0&3&2&1
\end{pmatrix}
$$

然后求出 $\boldsymbol{A}$ 的特征多项式为 $\lambda^{10}-10\lambda^9-63\lambda^8+552\lambda^7+1768\lambda^6-8448\lambda^5-18956\lambda^4+40176\lambda^3+59040\lambda^2-44960\lambda+4400$. 因为 $\boldsymbol{A}$ 为对称矩阵, 故其特征根均为实数. 又其特征多项式的系数序列 $(1,-10,-63,552,1768,-8448,-18956,40176,59040,-44960,4400)$ 的变号数为 6, 故其正实根的个数为 6 (重根按重数计). 因为零显然不是其根, 所以负实根的个数为 4 (重根按重数计).

1.3.2 多项式完全判别系统

Sturm 定理给出了一个计算多项式 $f(x)$ 互异实根个数的算法. 此算法对常系数多项式特别有效, 而对参系数多项式则效率很低, 因为它是个“在线”算法. 下面介绍参系数时多项式实根和虚根个数及相应重数的判别公式.

给定实参系数多项式

$$F(x)=a_0x^m+a_1x^{m-1}+\cdots+a_m,\quad a_0\neq 0 \tag{1.3.6}$$

和另一非零多项式 $G(x)$. 记

$$R(x)=\operatorname{rem}(F'G,F)=b_1x^{m-1}+\cdots+b_m \tag{1.3.7}$$

其中, F' 为 F 的导函数.

称 $2m$ 阶方阵

$$
\begin{pmatrix}
a_0 & a_1 & a_2 & \cdots & a_m & & & & \\
0 & b_1 & b_2 & \cdots & b_m & & & & \\
 & a_0 & a_1 & \cdots & a_{m-1} & a_m & & & \\
 & 0 & b_1 & \cdots & b_{m-1} & b_m & & & \\
 & & & \vdots & & & & & \\
 & & & a_0 & a_1 & a_2 & \cdots & a_m & \\
 & & & 0 & b_1 & b_2 & \cdots & b_m &
\end{pmatrix}
$$

为 F 关于 G 的**判别矩阵**, 其中空白的元素均为 0, 记作 $\mathrm{Discr}(F,G)$. 当 $G=1$ 时, 称为 F 的判别矩阵.

令 $D_0=1$, 再令

$$D_1(F,G),\ D_2(F,G),\ \cdots,\ D_m(F,G)$$

表示 $\mathrm{Discr}(F,G)$ 的偶数阶主子式. 称

$$[D_0,\ D_1(F,G),\ D_2(F,G),\ \cdots,\ D_m(F,G)] \tag{1.3.8}$$

为 F 关于 G 的**判别式序列**, 记作 $\mathrm{GDL}(F,G)$. 特别地, 当 $G=1$ 时,

$$[D_0,\ D_1(F,1),\ D_2(F,1),\ \cdots,\ D_m(F,1)] \tag{1.3.9}$$

也称为 F 的判别式序列, 记作 $\mathrm{DiscrList}(F)$. 即 $\mathrm{DiscrList}(F)=\mathrm{GDL}(F,1)$.

称 $[\mathrm{sgn}(a_1),\mathrm{sgn}(a_2),\cdots,\mathrm{sgn}(a_m)]$ 为给定序列 $[a_1,a_2,\cdots,a_m]$ 的**符号表**. 对已给定的符号表 $[s_1,s_2,\cdots,s_m]$, 其**符号修订表** $[t_1,t_2,\cdots,t_m]$ 按如下规则构造.

1. 如果 $[s_i,s_{i+1},\cdots,s_{i+j}]$ 是所给符号表中的一段, 且

$$s_i\neq 0, s_{i+1}=\cdots=s_{i+j-1}=0, s_{i+j}\neq 0$$

则将此段中由 0 构造的序列

$$[s_{i+1},\cdots,s_{i+j-1}]$$

替换为序列 $[-s_i,-s_i,s_i,s_i,-s_i,-s_i,s_i,s_i,\cdots]$ 中的前 $j-1$ 个, 即

$$t_{i+r}=(-1)^{[(r+1)/2]}s_i,\quad r=1,2,\cdots,j-1$$

其中, $[\cdot]$ 为取整运算.

2. 其他符号表中的数值不变, 即 $t_k=s_k$.

例如, 符号表 $[1,1,-1,0,0,0,0,0,1,0,0,-1,1,0,0]$ 的符号修订表为

$$[1,1,-1,1,1,-1,-1,1,1,-1,-1,-1,1,0,0].$$

定理 1.36 给定实系数多项式 $F(x)$ 和 $G(x)$, 如果 $\mathrm{GDL}(F,G)$ 的符号修订表的变号数和非零项个数分别是 ν 和 $\eta+1$, 即 $D_\eta\neq 0$ 而 $D_t=0\ (t>\eta)$, 则

$$\eta-2\nu=F_{G_+}-F_{G_-}$$

其中

$$F_{G_+}=\mathrm{card}(\{x\in\mathbb{R}|F(x)=0,\ G(x)>0\})$$

$$F_{G_-}=\mathrm{card}(\{x\in\mathbb{R}|F(x)=0,\ G(x)<0\})$$

定理 1.37 (杨路-侯晓荣-曾振柄定理) 如果实系数多项式 $F(x)$ 的判别式序列的符号修订表的变号数是 ν, 则 $F(x)$ 的互异共轭虚根对的个数是 ν. 且如果该符号修订表中非零元的个数是 $\eta+1$, 则 $F(x)$ 的互异实根的个数是 $\eta-2\nu$.

例 1.2 多项式 $F(x)=-2x^{16}+4x^{15}+2x^{14}-4x^{13}-2x^{12}+x^5-7x^4+9x^3+7x^2-9x-5$ 的判别式序列的符号表为

$$[1,1,1,1,0,0,0,0,0,-1,1,1,-1,1,1,0,0]$$

其符号修订表为

$$[1,1,1,1,-1,-1,1,1,-1,-1,1,1,-1,1,1,0,0]$$

$F(x)$ 的符号修订表变号数为 6, 非零项个数为 15 个. 于是可知有 6 对互异虚根和 2 个互异实根. 进一步, 由 $\gcd(F,F')=x^2-x-1$ 可知, F 的两个实根都是二重的.

定义 1.18 为简单起见, 令 $\nabla(f)\triangleq\gcd(f,f')$, 并称之为 $f(x)$ 的重复部分, 其中 f' 为 f 的导函数. 再令

$$\nabla^0(f)=f,\quad \nabla^j(f)=\nabla(\nabla^{j-1}(f)),\quad j=1,2,\cdots$$

我们称

$$\{\nabla^0(f),\ \nabla^1(f),\ \nabla^2(f),\cdots\}$$

为 $f(x)$ 的 **∇ 序列**.

定理 1.38 如果 $\nabla^j(f)$ 有 k 个重数为 $n_1,\ n_2,\ \cdots,\ n_k$ 的实根, 且 $\nabla^{j-1}(f)$ 有 m 个不同的实根, 则 $\nabla^{j-1}(f)$ 有 k 个重数为 $n_1+1,\ n_2+1,\ \cdots,\ n_k+1$ 的不同的实根和 $m-k$ 个单重实根. 对虚根也有类似的结论.

1.3.3 多项式的实根隔离

所谓多项式的**实根隔离**, 就是求实数轴上一列互不相交的区间①, 使其包含该多项式的所有实根, 且其中每个区间恰好包含一个 (互异) 实根②. 显然根据 Sturm 定理, 区间长度可以任意缩小. 由于五次或高于五次的多项式方程不存在一般根式解法, 这样, 实根隔离在某种意义上可以作为多项式求 (实) 根的一种替代方案.

下面介绍的 Uspensky 算法是由 Uspensky 提出经 Collins 等改进后的版本[13], 它是目前已知的理论复杂性最好的算法.

① 这些区间是闭区间或退化成只包含一个点的闭区间, 即区间 $[a,a]$.

② 这里重根不算重数, 重根只算一个根.

下面算法中的多项式都是假定为无平方因子的整系数多项式①. 这是因为: ① $\dfrac{f}{\nabla(f)}$ 就是无平方因子多项式, 且与多项式 f 有完全相同的因子, 其中 $\nabla(f)$ 见定义 1.18, 它可由辗转相除法求出. 因此隔离 $\dfrac{f}{\nabla(f)}$ 的实根就相当于隔离 f 的实根. ② 在实际问题中, 有理数系数更为常见, 且是计算机能高效处理的数.

容易知道 0 是否为多项式的根, 而 $F(x)$ 的负根等同于 $F(-x)$ 的正根, 所以下面算法只隔离正根.

算法 Uspensky: L:=Uspensky(F). [注释: 任意 m 次无平方因子的整系数多项式 $F=F(x)\in\mathbb{Z}[x]$, 计算出 F 的正根隔离区间 L, 其中 $\mathbb{Z}[x]$ 表示整系数多项式环.]

第一步 计算 F 正根的上界 B, 即 F 所有的正根都在区间 $(0,B)$ 内.

第二步 令 $G:=F(Bx)$. [注释: 这样 F 在 $(0,+\infty)$ 上的根变为 G 在 $(0,1)$ 上的根.]

第三步 用下面的子算法 SubUspensky 求出 G 在 $(0,1)$ 上的实根隔离区间:

$$\{(a_1,b_1),(a_2,b_2),\cdots,(a_k,b_k)\} \tag{1.3.10}$$

然后输出 $L:=\{(Ba_1,Bb_1),(Ba_2,Bb_2),\cdots,(Ba_k,Bb_k)\}$.

算法 SubUspensky: L:=SubUspensky(G). [注释: 任意 m 次无平方因子的整系数多项式 $G=G(x)\in\mathbb{Z}[x]$, 它的实根全在 $(0,1)$ 上. 本算法计算出 G 在 $(0,1)$ 上的正根隔离区间 L.]

第一步 令 $G^*:=(x+1)^m G\left(\dfrac{1}{x+1}\right)$. [注释: 这里把 G 在 $(0,1)$ 上的根变为 G^* 在 $(0,+\infty)$ 上的根. $L:=\varnothing$.]

第二步 将 G^* 系数的变号数记为 v. 如 $v=0$, 则算法终止; 若 $v=1$, 则令 $L:=L\bigcup\{(0,1)\}$, 且算法终止. 否则执行下列步骤.

第 1 步 若 $G\left(\dfrac{1}{2}\right)=0$, 则令 $L:=L\cup\left\{\left[\dfrac{1}{2},\dfrac{1}{2}\right]\right\}$, $G:=\dfrac{G}{x-\dfrac{1}{2}}$.

第 2 步 令 $G_1:=2^m G\left(\dfrac{x}{2}\right)$. [注释: 这里把 G 在 $\left(0,\dfrac{1}{2}\right)$ 上的根变为 G_1 在 $(0,1)$ 上的根.] 再对 G_1 调动本算法. 设所得的结果为 $\{(a_1,b_1),\cdots,(a_i,b_i)\}$. 令 $L:=L\cup\left\{\left(\dfrac{a_1}{2},\dfrac{b_1}{2}\right),\cdots,\left(\dfrac{a_i}{2},\dfrac{b_i}{2}\right)\right\}$.

① 下面 Uspensky 算法在理论上对实系数多项式也一样适用. 然而多项式实根隔离问题是对系数非常敏感的, 计算上的微小误差可能产生完全不同的结论, 这导致了对实系数多项式要保证实根隔离结论的可靠性就需要更多的计算量.

第 3 步 令 $G_2 := 2^m G\left(\frac{x+1}{2}\right)$. [注释: 这里把 G 在 $\left(\frac{1}{2},1\right)$ 上的根变为 G_2 在 $(0,1)$ 上的根.] 再对 G_2 调动本算法. 设所得的结果为 $\{(c_1,d_1),\cdots,(c_j,d_j)\}$. 令 $L := L\cup\left\{\left(\frac{c_1+1}{2},\frac{d_1+1}{2}\right),\cdots,\left(\frac{c_j+1}{2},\frac{d_j+1}{2}\right)\right\}$.

此二分策略算法的理论依据是 Descartes 符号法则, 它的终止性和正确性可参考文献 [16]. 上面算法的优点很明显: 只使用系数从而提高了计算速度; 缺点也同样明显: 对高次稀疏多项式, 变元替换后多项式变得稠密, 计算量大幅度增加.

第 2 章　非线性系统的全局能控性 I: 平面情形

作为本书主要内容的开始, 首先介绍下本书将要研究的控制系统

$$\dot{\boldsymbol{x}} = \boldsymbol{f}(\boldsymbol{x}) + \boldsymbol{G}(\boldsymbol{x})\boldsymbol{u}(\cdot), \quad \boldsymbol{x} \in \mathbb{R}^n \tag{2.0.1}$$

其中, $\boldsymbol{x}$ 是状态, $\boldsymbol{u}(\cdot) \in \mathbb{R}^m$ 是控制输入, $\boldsymbol{f}(\boldsymbol{x})$ 称为系统向量场①, $\boldsymbol{G}(\boldsymbol{x})$ 称为控制函数矩阵. 具有如式 (2.0.1) 的系统我们通常称为仿射非线性控制系统, 是本书的主要研究对象. $\boldsymbol{f}(\boldsymbol{x}) \in \mathbb{R}^n$, $\boldsymbol{G}(\boldsymbol{x}) \in \mathbb{R}^{n\times m}$ 一般假设为对状态 $\boldsymbol{x}$ 处处具有局部 Lipschitz 条件, 目的是保证常微分方程解具有存在与唯一性, 但为了避免证明陷入过于琐碎的分析, 有时候也对它们要求更多的光滑性. 下面定义本书的主要研究概念之一: 非线性系统的全局能控性.

定义 2.1　*控制系统 (2.0.1) 称为***全局能控的**, *如果对相空间 $\mathbb{R}^n$ 中的任意两点 $\boldsymbol{x}^0$ 和 $\boldsymbol{x}^1$, 存在某一时刻 $T \geqslant 0$ 和控制输入 $\boldsymbol{u}(\cdot)$② 使得系统 (2.0.1) 在控制 $\boldsymbol{u}(\cdot)$ 下的轨线满足 $\boldsymbol{x}(0) = \boldsymbol{x}^0$ 和 $\boldsymbol{x}(T) = \boldsymbol{x}^1$.*

2.1　控制向量场无奇点

我们的研究将从尽可能简单的系统开始. 最简单的非平凡非线性控制系统可以归于下面的平面仿射非线性控制系统

$$\begin{aligned} \dot{x}_1 &= f_1(x_1, x_2) + g_1(x_1, x_2)u(\cdot) \\ \dot{x}_2 &= f_2(x_1, x_2) + g_2(x_1, x_2)u(\cdot) \end{aligned} \tag{2.1.1}$$

其中, $f_i(x_1, x_2)$, $g_i(x_1, x_2), i = 1, 2$ 是状态 $\boldsymbol{x} = (x_1, x_2)^{\mathrm{T}} \in \mathbb{R}^2$ 的局部 Lipschitz 函数, $u(\cdot)$ 是取实数值的控制输入函数. 我们令 $\boldsymbol{f}(\boldsymbol{x}) = (f_1(x_1, x_2), f_2(x_1, x_2))^{\mathrm{T}}$, $\boldsymbol{g}(\boldsymbol{x}) = (g_1(x_1, x_2), g_2(x_1, x_2))^{\mathrm{T}}$. 此时我们把 $\boldsymbol{g}(\boldsymbol{x})$ 称为控制向量场.

本小节中我们进一步假设控制向量场满足对任意 $\boldsymbol{x} \in \mathbb{R}^2$ 有 $\boldsymbol{g}(\boldsymbol{x}) \neq \boldsymbol{0}$. 在线性系统的能控性研究中, 一般假设控制输入 $u(\cdot)$ 是时间 t 的函数. 那是因为在此

---

① 在本书中控制输入 $\boldsymbol{u}(\cdot)$ 的取值范围没有任何限制, 在某些文献中也称 $\boldsymbol{f}(\boldsymbol{x})$ 为漂移向量场.

② 在控制理论中, 若控制输入是时间的函数, 即 $\boldsymbol{u}(t)$, 称为开环控制; 若控制输入是状态的函数, 即 $\boldsymbol{u}(\boldsymbol{x})$ 称为闭环控制. 在系统的能控性研究中, 控制输入函数 $\boldsymbol{u}(\cdot)$ 通常定义为关于时间 t 的右连续分段函数, 这样可保证常微分方程解的存在与唯一性, 但是为了证明方便, 在后面我们有时用 $\boldsymbol{u}(\cdot)$ 是状态 $\boldsymbol{x}$ 的函数形式. 这两种表示形式对能控性研究虽有各自方便之处, 但无实质性差别.

假设下系统是一个线性非齐次微分方程, 它的解可以用对应齐次系统的状态转移矩阵表示出来, 从而方便研究. 然而对于非线性系统却没有这个好处, 因此在本章中我们有时假定控制输入 $u(\cdot)$ 是状态 $\boldsymbol{x}$ 的函数, 这样做的好处是可以采用平面相图的方法研究. 对于平面系统, 这样处理的好处更加明显. 这两种表示没有实质性的区别, 因为状态 $\boldsymbol{x}$ 也是时间 t 的函数, 从而控制输入 $u(\boldsymbol{x})$ 本质上也是时间的函数. 反之亦然①.

2.1.1 控制曲线

首先我们注意到: 对于平面 $\mathbb{R}^2$ 上任意一点 $\boldsymbol{x}^0$ 和任意控制输入函数 $u(\boldsymbol{x})$, 如果 $\det(\boldsymbol{f}(\boldsymbol{x}^0),\boldsymbol{g}(\boldsymbol{x}^0))\neq 0$, 则控制系统 (2.1.1) 在 $\boldsymbol{x}^0$ 点的向量场指向经过点 $\boldsymbol{x}^0$ 且方向与 $\boldsymbol{g}(\boldsymbol{x}^0)$ 相同的直线一侧 (图 2.1); 又如果 $\det(\boldsymbol{f}(\boldsymbol{x}^0),\boldsymbol{g}(\boldsymbol{x}^0))=0$, 则向量场平行于这条直线, 当然长度会与控制输入 $u(\boldsymbol{x})$ 有关.

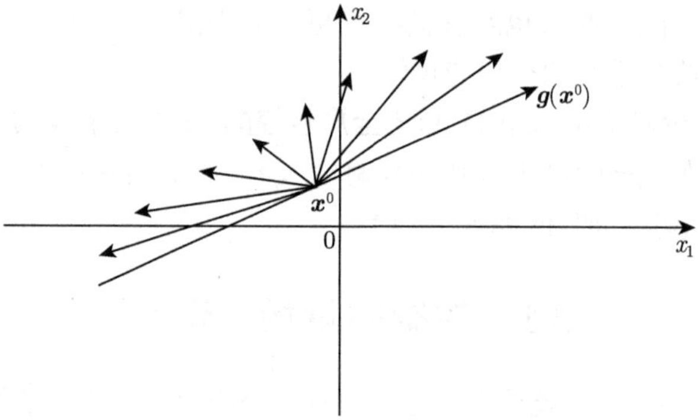

图 2.1 向量场的所有可能的正方向全指向一侧

令 $\langle\cdot,\cdot\rangle$ 表示两个向量的内积, 再令 $\widetilde{\boldsymbol{g}}$ 表示和 $\boldsymbol{g}$ 正交的非零向量, 即 $\langle\boldsymbol{g},\widetilde{\boldsymbol{g}}\rangle=0$ 和 $\|\widetilde{\boldsymbol{g}}\|\neq 0$. 因为系统在点 $\boldsymbol{x}^0$ 的向量场正方向是 $\boldsymbol{f}(\boldsymbol{x}^0)+\boldsymbol{g}(\boldsymbol{x}^0)u(\boldsymbol{x}^0)$, 所以我们很容易得出

$$
\begin{aligned}
&\langle\boldsymbol{f}(\boldsymbol{x}^0)+\boldsymbol{g}(\boldsymbol{x}^0)u(\boldsymbol{x}^0),\widetilde{\boldsymbol{g}}(\boldsymbol{x}^0)\rangle\\
=&\langle\boldsymbol{f}(\boldsymbol{x}^0),\widetilde{\boldsymbol{g}}(\boldsymbol{x}^0)\rangle+u(\boldsymbol{x}^0)\langle\boldsymbol{g}(\boldsymbol{x}^0),\widetilde{\boldsymbol{g}}(\boldsymbol{x}^0)\rangle\\
=&\langle\boldsymbol{f}(\boldsymbol{x}^0),\widetilde{\boldsymbol{g}}(\boldsymbol{x}^0)\rangle
\end{aligned}
\tag{2.1.2}
$$

由假设行列式 $\det(\boldsymbol{f}(\boldsymbol{x}^0),\boldsymbol{g}(\boldsymbol{x}^0))\neq 0$ 知 $\boldsymbol{f}(\boldsymbol{x}^0)$ 与 $\boldsymbol{g}(\boldsymbol{x}^0)$ 不平行, 因此它与 $\widetilde{\boldsymbol{g}}$ 不正交, 所以式 (2.1.2) 不等于零. 由此可知, 对于任意 $u(\boldsymbol{x})$, $\langle\boldsymbol{f}(\boldsymbol{x}^0)+\boldsymbol{g}(\boldsymbol{x}^0)u(\boldsymbol{x}^0),\widetilde{\boldsymbol{g}}(\boldsymbol{x}^0)\rangle$

① 在局部上 $u(t)$ 一般可以改写成 $u(\boldsymbol{x}(t))$. 然而全局一般不行, 因为可能出现多个时间到达同一个状态, 这样导致 $u(\boldsymbol{x}^0)$ 有多个可能的值. 不过对能控性研究不会造成本质上的困难, 因为我们可以挑一个合适的到达时间.

的符号与 $u(\boldsymbol{x}^0)$ 无关, 这意味着系统 (2.1.1) 在点 $\boldsymbol{x}^0$ 的向量场正方向只指向经过 $\boldsymbol{x}^0$ 点方向为 $\boldsymbol{g}(\boldsymbol{x}^0)$ 的直线一侧.

类似地, 如果 $\det(\boldsymbol{f}(\boldsymbol{x}^0), \boldsymbol{g}(\boldsymbol{x}^0)) = 0$, 则对任意控制输入函数 $u(\boldsymbol{x})$, 控制系统 (2.1.1) 在点 $\boldsymbol{x}^0$ 的向量场平行于 $\boldsymbol{g}(\boldsymbol{x}^0)$, 当然大小 (长度) 会随 $u(\boldsymbol{x}_0)$ 而变.

由上述分析, 我们对控制如何改变系统轨线的方向及系统轨线的可能走向有了一个总体上的了解. 下面介绍平面系统的相空间总可以用控制曲线来分层 (或者说可以有叶层构造).

由拟 Jordan 曲线定理①, 我们知道平面上一条与直线同胚且两端延伸至无穷的曲线 Γ 把平面分为两部分 (图 2.2). 于是我们可以给出下面的控制曲线的定义及引理 2.1.

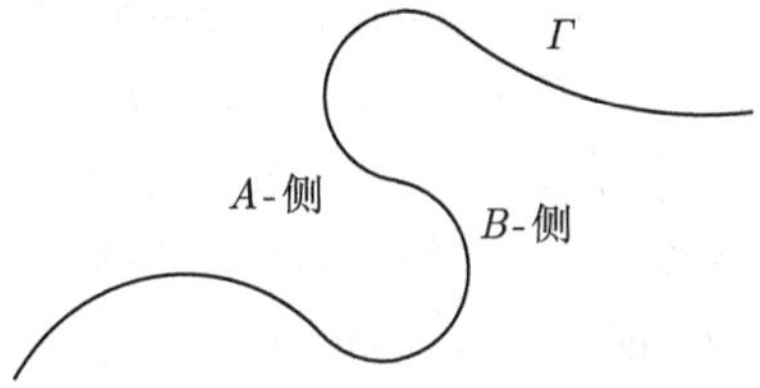

图 2.2 拟 Jordan 曲线定理

定义 2.2 系统 (2.1.1) 的**控制曲线**定义为如下微分方程组:

$$
\begin{aligned}
\dot{x}_1 &= g_1(x_1, x_2) \\
\dot{x}_2 &= g_2(x_1, x_2)
\end{aligned}
\tag{2.1.3}
$$

在平面 $\mathbb{R}^2$ 上的解曲线 $(x_1(t), x_2(t))$, 其中 $g_i(\boldsymbol{x}), i = 1, 2$ 与在式 (2.1.1) 中的定义相同, 即满足局部 Lipschitz 条件.

在介绍下面引理 2.1 之前, 我们对二维系统 (2.1.3) 先引入一个辅助概念. 在 (x_1, x_2) 平面上一段有限的直线段 $\boldsymbol{l}$ 称作对于向量场 $\boldsymbol{g}$ 的**无切线段**, 如果 $\boldsymbol{l}$ 上的每一点都是常点 (非奇点) 及 $\boldsymbol{g}$ 在 $\boldsymbol{l}$ 上每一点的向量场方向都与 $\boldsymbol{l}$ 的方向不相同 (即不与 $\boldsymbol{l}$ 相切).

引理 2.1 系统 (2.1.1) 的任意控制曲线与直线同胚且两端延伸至无穷, 即令 $\Gamma(t)$ 为控制曲线, 不妨设其存在区间为 $(-\infty, +\infty)$, 当 $t \to +\infty$ 和 $-\infty$ 时, 有 $\|\Gamma(t)\| \to +\infty$.

证明 我们先考虑下面的常微分方程组:

① 拟 Jordan 曲线定理内容就是: 平面上一条与直线同胚且两端延伸至无穷远的曲线把平面分为两部分. 它和 Jordan 曲线定理本质上是一回事.

$$\begin{aligned}\dot{x}_1 &= g_1(x_1,x_2)/(\|\boldsymbol{g}(\boldsymbol{x})\|+1)\\ \dot{x}_2 &= g_2(x_1,x_2)/(\|\boldsymbol{g}(\boldsymbol{x})\|+1)\end{aligned} \tag{2.1.4}$$

其中, $\|\boldsymbol{g}(\boldsymbol{x})\| = \sqrt{g_1^2(\boldsymbol{x})+g_2^2(\boldsymbol{x})}$. 容易验证方程组 (2.1.3) 等价于方程组 (2.1.4). 注意方程组 (2.1.4) 的向量场是有界的, 则方程组 (2.1.4) 解的存在区间是 $(-\infty,\infty)$, 即解轨线与直线同胚. 因此由定理 1.16 知方程组 (2.1.3) 的解轨线与直线同胚.

下面证明方程组 (2.1.4) 的解轨线 $\boldsymbol{\varphi}(t), t\in(-\infty,\infty)$ 不是闭轨线且两端延伸至无穷.

首先指出: 由定理 1.18 知闭轨线在其内部必有奇点, 所以 $\boldsymbol{\varphi}(t)$ 不是闭轨线, 否则将与假设 $\boldsymbol{g}(\boldsymbol{x})\neq\boldsymbol{0}, \forall\ \boldsymbol{x}\in\mathbb{R}^2$ 矛盾.

现在我们使用反证法来证明 $\boldsymbol{\varphi}(t)$ 的两端延伸至无穷. 否则存在一个有界点列 $\boldsymbol{\varphi}(t_i)$, 不失一般性, 我们假设 $t_i\to+\infty$, $t_{i+1}>t_i$, $i=1,2,\cdots,n,\cdots$, 因此集合 $\{\boldsymbol{\varphi}(t_i)|i=1,2,\cdots,n,\cdots\}$ 至少存在一个聚点 $\boldsymbol{\xi}$. 由于 $\boldsymbol{g}(\boldsymbol{x})\neq 0, \forall\ \boldsymbol{x}\in\mathbb{R}^2$, 于是点 $\boldsymbol{\xi}$ 是方程 (2.1.4) 的常点, 因此我们可以作一条通过点 $\boldsymbol{\xi}$ 的无切线段 $\boldsymbol{l}$. 由 $\boldsymbol{\xi}$ 的定义知必定存在 $t_{j+1}>t_j$ 使得 $\boldsymbol{\varphi}(t_j)$ 和 $\boldsymbol{\varphi}(t_{j+1})$ 分别与 $\boldsymbol{l}$ 相交于点 P_1 和 P_2, 如图 2.3 所示. 显然有限的闭曲线弧 $\boldsymbol{\varphi}(t), t_j\leqslant t\leqslant t_{j+1}$ 与在 P_1 和 P_2 之间的无切线段构成一条简单闭曲线 C. 轨线 $\boldsymbol{\varphi}(t), t>t_{j+1}$ 将永远在曲线 C 的内部, 这是因为 $\boldsymbol{\varphi}(t), t>t_{j+1}$ 既不能从无切线段 $\boldsymbol{l}$ 处走到简单闭曲线 C 外 (由于向量场指向 C 的内部), 也不能从曲线 $\boldsymbol{\varphi}(t), t_j\leqslant t\leqslant t_{j+1}$ 部分走到曲线 C 外 (由于自治常微分方程组相轨线的唯一性). 这样由 Poincare-Bendixson 定理有 $\boldsymbol{\varphi}(t)$ 的正极限集是闭轨线, 这意味着方程 (2.1.4) 存在奇点. 这又与假设 $\boldsymbol{g}(\boldsymbol{x})\neq\boldsymbol{0}, \forall\ \boldsymbol{x}\in\mathbb{R}^2$ 矛盾. 所以方程 (2.1.4) 的每一条解轨线的两端延伸至无穷.

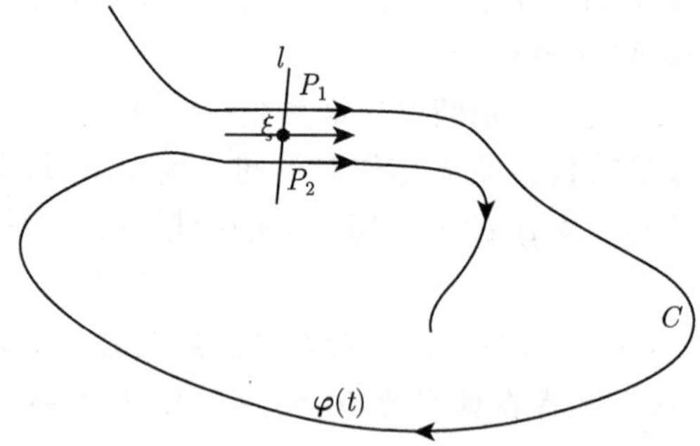

图 2.3 控制曲线两端必延伸至无穷远

最后, 由于方程 (2.1.4) 与方程 (2.1.3) 等价, 所以方程 (2.1.3) 的每一条解曲线也不是闭曲线并且两端延伸至无穷. ■

现在介绍一个关于系统轨线走向的重要引理. 此引理表明存在控制可迫使控制系统 (2.1.1) 的轨线沿着相应控制曲线走, 即可以从一点到过此点的控制曲线上任意一点的任意邻域内.

引理 2.2 令点 $\boldsymbol{x}^1$, $\boldsymbol{x}^2 \in \mathbb{R}^2$ 为位于系统 (2.1.1) 的同一条控制曲线上的不相同的两点. 则对于球心为点 $\boldsymbol{x}^2$ 半径为 $\epsilon > 0$ 的任意小邻域 $U(\boldsymbol{x}^2, \epsilon)$, 存在一个控制函数 $u(\boldsymbol{x})$ 使得系统 (2.1.1) 初值为 $\boldsymbol{x}^1$ 的正半轨在有限的时间内到达 $U(\boldsymbol{x}^2, \epsilon)$.

证明 由于点 $\boldsymbol{x}^1$ 和 $\boldsymbol{x}^2$ 位于同一条控制曲线 Γ 上, 因此要么 $\dot{\boldsymbol{x}} = \boldsymbol{g}(\boldsymbol{x})$ 要么 $\dot{\boldsymbol{x}} = -\boldsymbol{g}(\boldsymbol{x})$ 的正半轨从点 $\boldsymbol{x}^1$ 出发到达点 $\boldsymbol{x}^2$. 不失一般性, 我们只需要考虑 $\dot{\boldsymbol{x}} = \boldsymbol{g}(\boldsymbol{x})$, 即 $\boldsymbol{\varphi}(0) = \boldsymbol{x}^1$, $\boldsymbol{\varphi}(T) = \boldsymbol{x}^2$ 的情形, $T > 0$ 且 $\boldsymbol{\varphi}(t)$ 是 $\dot{\boldsymbol{x}} = \boldsymbol{g}(\boldsymbol{x})$ 从 $\boldsymbol{x}^1$ 出发的正半轨.

令 D 为一个足够大的闭圆盘, 它覆盖了轨线 $\boldsymbol{\varphi}(t)$ 在 $0 \leqslant t \leqslant T$ 内的部分. 因此由 $\boldsymbol{f}$ 的连续性有 $\|\boldsymbol{f}(\boldsymbol{x})\|$ 在圆盘 D 上是有界的, 即 $\exists\, M > 0$ 使得 $\|\boldsymbol{f}(\boldsymbol{x})\| \leqslant M, \forall\, \boldsymbol{x} \in D$. 又由于 $\boldsymbol{g}(\boldsymbol{x})$ 满足局部 Lipschitz 条件且圆盘 D 是紧集, 则 $\boldsymbol{g}(\boldsymbol{x})$ 在圆盘 D 内满足整体 Lipschitz 条件, 即对任意属于 D 的点 $\boldsymbol{y}_1$ 和 $\boldsymbol{y}_2$, 存在 $L > 0$ 有 $\|\boldsymbol{g}(\boldsymbol{y}_1) - \boldsymbol{g}(\boldsymbol{y}_2)\| \leqslant L\|\boldsymbol{y}_1 - \boldsymbol{y}_2\|$.

令 $\boldsymbol{\psi}(t)$ 为系统 $\dot{\boldsymbol{x}} = \dfrac{\boldsymbol{f}(\boldsymbol{x})}{K} + \boldsymbol{g}(\boldsymbol{x})$ 以点 $\boldsymbol{x}^1$ 为初值的正半轨, 其中 K 是一个足够大的正数. 现在我们主要考虑 $\boldsymbol{\psi}(t)$ 在 D 内的部分. 我们有

$$\boldsymbol{\varphi}(t) = \boldsymbol{x}^1 + \int_0^t \boldsymbol{g}(\boldsymbol{\varphi}(s))\mathrm{d}s, \qquad \boldsymbol{\psi}(t) = \boldsymbol{x}^1 + \int_0^t \left[\frac{\boldsymbol{f}(\boldsymbol{\psi}(s))}{K} + \boldsymbol{g}(\boldsymbol{\psi}(s))\right]\mathrm{d}s$$

因此

$$\begin{aligned}\|\boldsymbol{\varphi}(t) - \boldsymbol{\psi}(t)\| &\leqslant \frac{M}{K}t + \int_0^t \|\boldsymbol{g}(\boldsymbol{\varphi}(s)) - \boldsymbol{g}(\boldsymbol{\psi}(s))\|\mathrm{d}s \\ &\leqslant \frac{M}{K}t + L\int_0^t \|\boldsymbol{\varphi}(s) - \boldsymbol{\psi}(s)\|\mathrm{d}s\end{aligned}$$

由 Gronwall 不等式, 有

$$\|\boldsymbol{\varphi}(t) - \boldsymbol{\psi}(t)\| \leqslant \frac{M}{LK}[\exp(Lt) - 1]$$

显然, 只要 K 足够大, 我们就有

$$\|\boldsymbol{\varphi}(t) - \boldsymbol{\psi}(t)\| \leqslant \epsilon, \qquad \forall\, t \in [0, T]$$

因此 $\boldsymbol{\psi}(t)$ 可以到达点 $\boldsymbol{x}^2$ 的邻域 $U(\boldsymbol{x}^2, \epsilon)$ 内.

最后, 我们注意到有

$$\frac{\mathrm{d}\boldsymbol{\psi}(Kt)}{\mathrm{d}t} = \boldsymbol{f}(\psi(Kt)) + \boldsymbol{g}(\psi(Kt))K$$

显然 $\psi(Kt)$, $t > 0$ 是系统 $\dot{\boldsymbol{x}} = \boldsymbol{f}(\boldsymbol{x}) + \boldsymbol{g}(\boldsymbol{x})K$ 的正半轨并且在时间 $\dfrac{T}{K} > 0$ 到达球 $U(\boldsymbol{x}^2, \epsilon)$ 内. 因此 $u(\boldsymbol{x}) = K$ 就是所要求的控制法则. 这样就证明了引理. ∎

注 2.1　引理 2.2 对负半轨也同样正确.

2.1.2 能达集

现在我们来定义平面仿射非线性系统 (2.1.1) 的能达集. 令 $\mathrm{Lip}(\mathbb{R}^2)$ 表示在平面上的局部 Lipschitz 函数空间, $\{\boldsymbol{\varphi}_u(\boldsymbol{x}^0, t),\ t > 0\}$ 为系统 (2.1.1) 在控制 $u(\boldsymbol{x}) \in \mathrm{Lip}(\mathbb{R}^2)$① 作用下以点 $\boldsymbol{x}^0$ 为初值点的正半轨. 系统 (2.1.1) 从点 $\boldsymbol{x}^0$ 出发的**能达集**定义为

$$\mathfrak{R}(\boldsymbol{x}^0) \triangleq \bigcup_{u \in \mathrm{Lip}(\mathbb{R}^2)} \{\boldsymbol{\varphi}_u(\boldsymbol{x}^0, t) \mid t > 0\}^{②} \tag{2.1.5}$$

我们首先指出下面事实: 存在点 $\boldsymbol{x}^0$ 的一个邻域 $U(\boldsymbol{x}^0, \delta)$ 和一条通过 $\boldsymbol{x}^0$ 的控制曲线, 它把 $U(\boldsymbol{x}^0, \delta)$ 分为两部分, 分别记为 $U_a(\boldsymbol{x}^0, \delta)$ 和 $U_b(\boldsymbol{x}^0, \delta)$, 这两部分都不包括控制曲线本身, 则这两部分中的一个, 如 $U_b(\boldsymbol{x}^0, \delta) \subseteq \mathfrak{R}(\boldsymbol{x}^0)$ (图 2.4).

因为 $\boldsymbol{g}(\boldsymbol{x}^0) \neq 0$, 由直化定理我们有, 存在点 $\boldsymbol{x}^0$ 的一个邻域 $U(\boldsymbol{x}^0, \delta)$, 使得系统的控制曲线 (2.1.3) 可以近似地看作一族平行直线, 如图 2.4 所示.

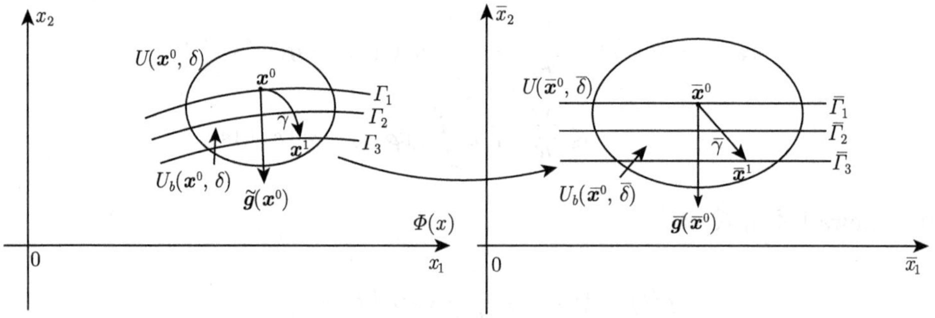

图 2.4　控制曲线在局部上把对应邻域分为两部分

情形 1　为了避免节外生枝, 现在先假设 $\boldsymbol{f}$ 和 $\boldsymbol{g}$ 都是 C^2 的.

---

① 这里采用控制 $u(\cdot)$ 为状态 $\boldsymbol{x}$ 的函数形式. 将可以看到采用此形式可以方便地利用相平面法.

② 这里采用 $t > 0$ 而不是 $t \geqslant 0$ 只是为了保证 $\mathfrak{R}(\boldsymbol{x}^0)$ 是个开集. 其他并无实质区别.

这样根据直化定理 1.15, 存在 C^2 的微分同胚 $\Phi(\boldsymbol{x})$, 它把 $U(\boldsymbol{x}^0,\delta)$ 中的点映射到新坐标 $(\overline{x}_1,\overline{x}_2)$ 中的点, 使得在 $U(\boldsymbol{x}^0,\delta)$ 中的控制曲线 (2.1.3) 在新的坐标下与 $\overline{x}_1$ 轴平行. 显然通过点 $\boldsymbol{x}^0$ 的控制曲线 Γ_1 把 $U(\boldsymbol{x}^0,\delta)$ 分为两个不连通的部分.

由于 $\det(\boldsymbol{f}(\boldsymbol{x}^0),\boldsymbol{g}(\boldsymbol{x}^0))\neq 0$, 根据连续性, 存在 $\boldsymbol{x}^0$ 点的一个邻域, 在这邻域上我们有 $\det(\boldsymbol{f}(\boldsymbol{x}),\boldsymbol{g}(\boldsymbol{x}))\neq 0$. 不失一般性, 我们假设这个邻域也是 $U(\boldsymbol{x}^0,\delta)$.

下一步, 由于 $\det(\boldsymbol{f}(\boldsymbol{x}^0),\boldsymbol{g}(\boldsymbol{x}^0))\neq 0$, 容易知道 $\langle\boldsymbol{f}(\boldsymbol{x}^0),\widetilde{\boldsymbol{g}}(\boldsymbol{x}^0)\rangle\neq 0$, 这里 $\widetilde{\boldsymbol{g}}(\boldsymbol{x}^0)$ 为任意与 $\boldsymbol{g}(\boldsymbol{x}^0)$ 正交的非零向量. 不失一般性, 我们假设 $\langle\boldsymbol{f}(\boldsymbol{x}^0),\widetilde{\boldsymbol{g}}(\boldsymbol{x}^0)\rangle>0$, 即从 $\widetilde{\boldsymbol{g}}(\boldsymbol{x}^0)$ 到 $\boldsymbol{f}(\boldsymbol{x}^0)$ 的夹角是锐角, 如图 2.4 所示, 向量 $\widetilde{\boldsymbol{g}}(\boldsymbol{x}^0)$ 所指向的那侧就是系统 (2.1.1) 在任意控制 $u(\boldsymbol{x}^0)$ 下以 $\boldsymbol{x}^0$ 点为初值的正半轨可以走的那一侧. 我们记这一侧为 $U_b(\boldsymbol{x}^0,\delta)$ (不包括边界 Γ_1).

对于 $U_b(\boldsymbol{x}^0,\delta)$ 中的任意点 $\boldsymbol{x}^1$, 我们用微分同胚 $\Phi(\boldsymbol{x})$ 把 $U_b(\boldsymbol{x}^0,\delta)$ 映射到在坐标 $(\overline{x}_1,\overline{x}_2)$ 下的 $U_b(\overline{\boldsymbol{x}}^0,\overline{\delta})$, 且 $\overline{\boldsymbol{x}}^0=\Phi(\boldsymbol{x}^0)$, $\overline{\boldsymbol{x}}^1=\Phi(\boldsymbol{x}^1)$. 则我们可以做一条线段 $\overline{\gamma}$ 从点 $\overline{\boldsymbol{x}}^0$ 连接到 $\overline{\boldsymbol{x}}^1$, 以及用微分同胚 $\Phi(\boldsymbol{x})$ 的逆 $\Phi^{-1}(\boldsymbol{x})$ 把直线 $\overline{\gamma}$ 映射到坐标 (x_1,x_2) 下的曲线 γ. 在直线 $\overline{\gamma}$ 上, 我们可以定义一个非零的光滑向量场 $\overline{\boldsymbol{k}}(\overline{\boldsymbol{x}})$, $\overline{\boldsymbol{x}}\in\overline{\gamma}$ (显然可以定义为一个常值向量), 它的方向如图 2.4 所示. 又因为 $\Phi(\boldsymbol{x})$ 是 C^2 的, 所以对应的向量场

$$\boldsymbol{k}(\boldsymbol{x})=(k_1(\boldsymbol{x}),k_2(\boldsymbol{x}))^{\mathrm{T}}=\frac{\partial\Phi^{-1}}{\partial\overline{\boldsymbol{x}}}(\overline{k}_1(\overline{\boldsymbol{x}}),\overline{k}_2(\overline{\boldsymbol{x}}))^{\mathrm{T}},\quad \boldsymbol{x}\in\gamma \tag{2.1.6}$$

是 C^1 的. 显然有 $\gamma\subset U_b(\boldsymbol{x}^0,\delta)$ 和 $\langle\boldsymbol{k}(\boldsymbol{x}),\widetilde{\boldsymbol{g}}(\boldsymbol{x})\rangle\neq 0,\boldsymbol{x}\in\gamma$.

下面我们来构造一个控制 $u(\boldsymbol{x})$ 使得曲线 γ 是控制系统 (2.1.1) 以 $\boldsymbol{x}^0$ 点为初值的正半轨的一部分. 我们令

$$u(\boldsymbol{x})=-\frac{k_2(\boldsymbol{x})f_1(\boldsymbol{x})-k_1(\boldsymbol{x})f_2(\boldsymbol{x})}{k_2(\boldsymbol{x})g_1(\boldsymbol{x})-k_1(\boldsymbol{x})g_2(\boldsymbol{x})},\quad \boldsymbol{x}\in\gamma \tag{2.1.7}$$

由于对任意 $\boldsymbol{x}\in\gamma$ 有 $\langle\boldsymbol{k}(\boldsymbol{x}),\widetilde{\boldsymbol{g}}(\boldsymbol{x})\rangle\neq 0$, 所以我们有 $k_2(\boldsymbol{x})g_1(\boldsymbol{x})-k_1(\boldsymbol{x})g_2(\boldsymbol{x})\neq 0$. 因此由式 (2.1.7), 控制 u 在曲线 γ 上有定义, 并且是 C^1 的. 于是由 Whitney 可微延拓定理, 我们可以把 u 可微地延拓到整个平面上去. 进一步, 由式 (2.1.7) 我们有下面方程

$$\frac{f_1(\boldsymbol{x})+g_1(\boldsymbol{x})u}{f_2(\boldsymbol{x})+g_2(\boldsymbol{x})u}=\frac{k_1(\boldsymbol{x})}{k_2(\boldsymbol{x})},\ \text{或}\ \frac{f_2(\boldsymbol{x})+g_2(\boldsymbol{x})u}{f_1(\boldsymbol{x})+g_1(\boldsymbol{x})u}=\frac{k_2(\boldsymbol{x})}{k_1(\boldsymbol{x})},\quad \boldsymbol{x}\in\gamma \tag{2.1.8}$$

因此, 在这个控制 u 下, 系统 (2.1.1) 的向量场和曲线 γ 是相切的. 因此曲线 γ 必定是系统 (2.1.1) 以点 $\boldsymbol{x}^0$ 为初值的正半轨的一部分, 这意味着 $\boldsymbol{x}^1\in\mathfrak{R}(\boldsymbol{x}^0)$. 最后, 因为 $\boldsymbol{x}^1$ 是 $U_b(\boldsymbol{x}^0,\delta)$ 内的任意一点, 就得到我们所需要的结果 $U_b(\boldsymbol{x}^0,\delta)\subseteq\mathfrak{R}(\boldsymbol{x}^0)$.

情形 2 现在我们讨论向量场 $\boldsymbol{f}$ 和 $\boldsymbol{g}$ 都是局部 Lipschitz 的.

此情形如果也仿照情形 1 证明, 就会发现式 (2.1.6) 中的向量 $\boldsymbol{k}(\boldsymbol{x})$ 和式 (2.1.7) 中的控制 $u(\boldsymbol{x})$ 只是连续的. 这样就不能保证控制系统 (2.1.1) 的解轨线是唯一的. 因此下面我们用光滑逼近的方法做一些技术性处理.

令函数 $\psi(\boldsymbol{x})$ 满足下面条件:

$$\begin{aligned} &\psi(\boldsymbol{x}) \geqslant 0, \quad \boldsymbol{x} \in \mathbb{R}^2, \quad \psi(\boldsymbol{x}) \in \mathrm{C}_0^\infty(\mathbb{R}^2) \\ &\mathrm{Supp}(\psi) \subset \overline{B(0,1)}, \quad \int_{\mathbb{R}^2} \psi(\boldsymbol{x}) = 1 \end{aligned} \tag{2.1.9}$$

其中, $\boldsymbol{x} = (x_1, x_2)^{\mathrm{T}}$, $\mathrm{Supp}(\psi)$ 为函数 ψ 的支撑集, $\mathrm{C}_0^\infty(\mathbb{R}^2)$ 为在 $\mathbb{R}^2$ 上具有紧支撑集的 C^∞ 函数空间, $B(0,1)$ 为中心在原点的单位圆盘.

由于我们主要关心系统在圆盘 $U(\boldsymbol{x}^0, \delta)$ 的状况, 又因为 $\boldsymbol{g}(\boldsymbol{x})$ 是非奇异的, 因此我们可假定 $h(\boldsymbol{x}) \triangleq \dfrac{g_1(\boldsymbol{x})}{g_2(\boldsymbol{x})}$ 是局部 Lipschitz 且具有紧支撑集. 否则我们可由定理 1.1 所定义的截断函数 $h(\boldsymbol{x})$ 即可. 令 $\psi_\epsilon(\boldsymbol{x}) = \epsilon^{-2}\psi\left(\dfrac{\boldsymbol{x}}{\epsilon}\right)$ 及 $h_\epsilon(\boldsymbol{x}) = \displaystyle\int_{\mathbb{R}^2} h(\boldsymbol{x}-\boldsymbol{y})\psi_\epsilon(\boldsymbol{y})\mathrm{d}\boldsymbol{y}$, 其中 $\epsilon > 0$. 则函数 $h_\epsilon(\cdot)$ 是无穷可微的且当 ϵ 趋于零时是在 $\mathbb{R}^2$ 上一致收敛于 $h(\boldsymbol{x})$. 进一步, 由 $h(\cdot)$ 是具有紧支撑集的假设, 容易验证 $\dfrac{\partial h_\epsilon(\boldsymbol{x})}{\partial x_i}$ 是关于 ϵ 一致有界的, $i = 1, 2$.

这是因为 $h(\cdot)$ 是具有紧支撑集的, 故其满足全局 Lipschitz 条件, 即存在 $L > 0$ 使得对任意 $\boldsymbol{x}$, $\overline{\boldsymbol{x}}$ 有 $|h(\boldsymbol{x}) - h(\overline{\boldsymbol{x}})| \leqslant L|\boldsymbol{x} - \overline{\boldsymbol{x}}|$. 于是有

$$\begin{aligned} &\left|\frac{h_\epsilon(x_1, x_2) - h_\epsilon(\overline{x}_1, x_2)}{x_1 - \overline{x}_1}\right| \\ \leqslant &\int_{\mathbb{R}^2} \left|\frac{h(x_1 - y_1, x_2 - y_2) - h(\overline{x}_1 - y_1, x_2 - y_1)}{x_1 - \overline{x}_1}\psi_\epsilon(\boldsymbol{y})\right| \mathrm{d}\boldsymbol{y} \\ \leqslant &\int_{\mathbb{R}^2} L\psi_\epsilon(\boldsymbol{y})\mathrm{d}\boldsymbol{y} = L \end{aligned} \tag{2.1.10}$$

令式 (2.1.10) 两端 $\overline{x}_1 \to x_1$. 则有 $\left|\dfrac{\partial h_\epsilon(\boldsymbol{x})}{\partial x_1}\right| \leqslant L$. 类似可得 $\dfrac{\partial h_\epsilon(\boldsymbol{x})}{\partial x_2}$ 对于 ϵ 一致有界, 且界为 L.

这样由上面结论可知 $h_\epsilon(\boldsymbol{x})$ 是 $h(\boldsymbol{x})$ 的一个光滑逼近且其偏导数以 L 为界.

不失一般性, 我们假设 $\boldsymbol{x}^0 = (0, 0)^{\mathrm{T}}$ 及 $g_1(\boldsymbol{x}^0) = 0$. 令 $x_{1,\epsilon}(x_2, a)$ 为方程 $\dfrac{\mathrm{d}x_1}{\mathrm{d}x_2} = h_\epsilon(x_1, x_2)$ 满足初始条件 $x_{1,\epsilon}(0, a) = a$ 的解, $x_1(x_2, a)$ 为方程 $\dfrac{\mathrm{d}x_1}{\mathrm{d}x_2} =$

$h(x_1, x_2)$ 满足初始条件 $x_1(0, a) = a$ 的解. 则对应的 C^∞ 微分同胚 $\boldsymbol{T}_\epsilon : (a, x_2) \to (x_{1,\epsilon}(x_2, a), x_2)$ 和同胚映射 $\boldsymbol{T} : (a, x_2) \to (x_1(x_2, a), x_2)$ 把在 (x_1', x_2') 平面上的平行直线 $x_1' = a$ 分别映射到 (x_1, x_2) 平面上对应方程的积分曲线 $x_1 = x_{1,\epsilon}(x_2, a)$ 和 $x_1 = x_1(x_2, a)$, 如图 2.5 所示, 可参见文献 [11].

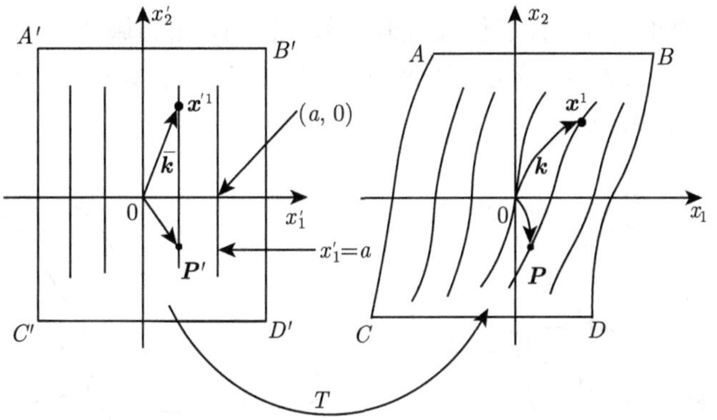

图 2.5 局部微分同胚把平行直线段映射为相应的控制曲线

现在令 P' 为不在 x_2' 轴上的任一点. 又令连接原点和点 P' 的直线为 $\bar{\boldsymbol{k}} = (\bar{k}_1, \bar{k}_2)$, $\bar{k}_1 \neq 0$ (图 2.5). 于是微分同胚 $\boldsymbol{T}_\epsilon$ 映射 $\bar{\boldsymbol{k}}$ 为曲线

$$\begin{aligned}\boldsymbol{k} &= \mathrm{Jacobi}(\boldsymbol{T}_\epsilon)\bar{\boldsymbol{k}} \\ &= \begin{pmatrix} \exp\left(\displaystyle\int_0^{x_2} \frac{\partial h_\epsilon(x_1, \xi)}{\partial x_1} \mathrm{d}\xi\right) & h_\epsilon(x_1, x_2) \\ 0 & 1 \end{pmatrix} \begin{pmatrix} \bar{k}_1 \\ \bar{k}_2 \end{pmatrix}\end{aligned} \tag{2.1.11}$$

注意到 $\widetilde{\boldsymbol{g}} = (1, -h(x_1, x_2))^{\mathrm{T}}$ 为方程 $\dfrac{\mathrm{d}x_1}{\mathrm{d}x_2} = h(x_1, x_2)$ 的法向量场. 则我们有

$$\langle \boldsymbol{k}, \widetilde{\boldsymbol{g}} \rangle = \bar{k}_1 \exp\left(\int_0^{x_2} \frac{\partial h_\epsilon(x_1, \xi)}{\partial x_1} \mathrm{d}\xi\right) + \bar{k}_2[h_\epsilon(x_1, x_2) - h(x_1, x_2)] \tag{2.1.12}$$

由此对于充分小的 ϵ, 有

$$\langle \boldsymbol{k}, \widetilde{\boldsymbol{g}} \rangle \neq 0 \tag{2.1.13}$$

这样对于曲线 $\boldsymbol{k}$, 它是 C^∞ 的, 且与方程 $\dfrac{\mathrm{d}x_1}{\mathrm{d}x_2} = h(x_1, x_2)$ 的向量场处处不相切. 于是仿照情形 1 的证明可得, 点 $\boldsymbol{x}^1 = \boldsymbol{T}_\epsilon(\boldsymbol{x}'^1) \in \mathfrak{R}(\boldsymbol{x}^0)$.

下面证明 $U_b(\boldsymbol{x}^0, \delta)$ 中的任意一点 $\boldsymbol{x}^1$ 总存在点 $\boldsymbol{x}'^1$ 和 $\epsilon > 0$ 使得 $\boldsymbol{x}^1 = \boldsymbol{T}_\epsilon(\boldsymbol{x}'^1)$, 且满足方程 (2.1.13).

我们知道当 ϵ 趋于 0 时, 变换 $\boldsymbol{T}_\epsilon$ 一致趋于 $\boldsymbol{T}$. 于是考虑 $U_b(\boldsymbol{x}^0,\delta)$ 中的任意点 $\boldsymbol{x}^1$, 当 ϵ 趋于 0 时, $\boldsymbol{x}_\epsilon'^1 \triangleq \boldsymbol{T}_\epsilon^{-1}(\boldsymbol{x}^1)$ 趋于 $\boldsymbol{x}'^1 \triangleq \boldsymbol{T}^{-1}(\boldsymbol{x}^1)$. 因此当 ϵ 足够小时, $\boldsymbol{x}_\epsilon'^1$ 不会位于 x_2' 轴上. 然后根据上面计算, 方程 (2.1.13) 可以满足. ■

引理 2.3　对于平面仿射非线性控制系统 (2.1.1), 如果 $\det(\boldsymbol{f}(\boldsymbol{x}^0),\boldsymbol{g}(\boldsymbol{x}^0))\neq 0$, 则从点 $\boldsymbol{x}^0$ 出发的能达集 $\mathfrak{R}(\boldsymbol{x}^0)$ 是开集.

证明　为简单起见, 我们假设控制曲线 (2.1.3) 在邻域 $U(\boldsymbol{x}^0,\delta)$ 内是一族平行直线, 用 $\Gamma^i, i=1,2,\cdots$ 表示. 以及点 $\boldsymbol{x}^0$ 位于 Γ^1 上, 如图 2.6 所示. 否则我们可以使用微分同胚来说明.

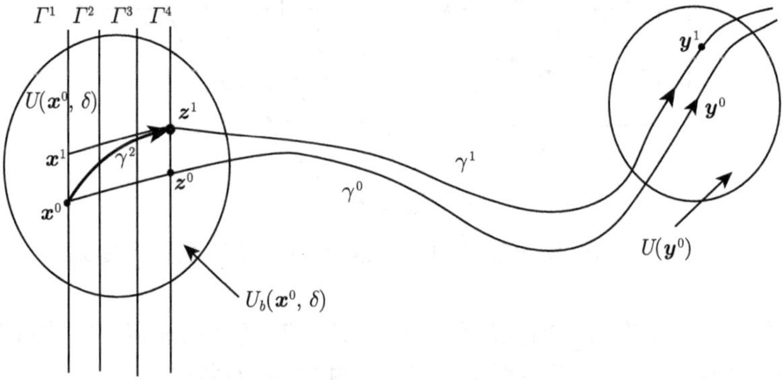

图 2.6　出发轨线的光滑再连接

对于任意点 $\boldsymbol{y}^0\in\mathfrak{R}(\boldsymbol{x}^0)$, 存在一个控制 $u_1(\boldsymbol{x})\in \mathrm{Lip}(\mathbb{R}^2)$, 使得系统 (2.1.1) 以点 $\boldsymbol{x}^0$ 为初值的轨线 γ^0 在时刻 $t_1>0$ 到达点 $\boldsymbol{y}^0$. 注意到在控制 $u_1(\boldsymbol{x})$ 下闭环系统是自治的, 由解对初值的连续性, 如果点 $\boldsymbol{y}^0$ 的邻域 $U(\boldsymbol{y}^0)$ 是充分小的话, 则对于任意点 $\boldsymbol{y}^1\in U(\boldsymbol{y}^0)$, 存在一个点 $\boldsymbol{x}^1\in U(\boldsymbol{x}^0,\delta)$ 使得系统 (2.1.1) 在控制 $u_1(\boldsymbol{x})$ 下以点 $\boldsymbol{x}^1$ 为初值的轨线 γ^1 在时刻 $t_1'>0$ 到达点 $\boldsymbol{y}^1$. 不失一般性, 假设点 $\boldsymbol{x}^1\in\Gamma^1\cap U(\boldsymbol{x}^0,\delta)$ 和轨线 γ^1 在某时刻到达点 $\boldsymbol{z}^1\in\Gamma^4\cap U_b(\boldsymbol{x}^0,\delta)$, 如图 2.6 所示.

现在我们来做一条曲线 γ^2 光滑地连接点 $\boldsymbol{x}^0$ 和 $\boldsymbol{z}^1$. 则 γ^2 和 γ^1 在点 $\boldsymbol{z}^1$ 和 $\boldsymbol{y}^1$ 之间的部分组成一条新的光滑曲线, 记为 γ. 按照上面第一步的方法, 我们可以构造一个定义在 γ^2 上的光滑控制函数 $u_2(\boldsymbol{x})$. 因此, 如果我们把定义在 γ^2 上的控制 $u_2(\boldsymbol{x})$ 和定义在 γ^1 上的控制 $u_1(\boldsymbol{x})$ 组成一个定义在 γ 上的新的控制函数 $u(\boldsymbol{x})$, 容易看出 $u(\boldsymbol{x})$ 在 γ 上是 $\mathrm{Lip}(\mathbb{R}^2)$ 的. 再由 Whitney 可微延拓定理, 对 $u(\boldsymbol{x})$ 存在一个定义在 $\mathbb{R}^2$ 上的可微延拓, 仍记为 $u(\boldsymbol{x})$. 因此 $\boldsymbol{y}^1$ 是从点 $\boldsymbol{x}^0$ 出发的能达点. 又由于 $\boldsymbol{y}^1$ 是 $U(\boldsymbol{y}^0)$ 内的任意一点, 这样我们就得到 $U(\boldsymbol{y}^0)\subseteq\mathfrak{R}(\boldsymbol{x}^0)$. 于是 $\mathfrak{R}(\boldsymbol{x}^0)$ 是个开集. ■

能达集点具有传递性. 下面引理将证明此性质.

引理 2.4 令 $\boldsymbol{x}^0, \boldsymbol{x}^1, \boldsymbol{x}^2$ 为平面 $\mathbb{R}^2$ 中的三点. 如果 $\boldsymbol{x}^1 \in \mathfrak{R}(\boldsymbol{x}^0)$ 和 $\boldsymbol{x}^2 \in \mathfrak{R}(\boldsymbol{x}^1)$, 则 $\boldsymbol{x}^2 \in \mathfrak{R}(\boldsymbol{x}^0)$, 其中 $\mathfrak{R}(\boldsymbol{x}^0)$ 和 $\mathfrak{R}(\boldsymbol{x}^1)$ 是指由式 (2.1.5) 定义的能达集.

证明 我们通过分别讨论如下的两种情形来证明这个引理.

情形 A $\det(\boldsymbol{f}(\boldsymbol{x}^0), \boldsymbol{g}(\boldsymbol{x}^0)) \neq 0$.

令 γ_1 表示系统 (2.1.1) 在控制 $u_1(\boldsymbol{x})$ 下以 $\boldsymbol{x}^0$ 点为初值的正半轨在 $\boldsymbol{x}^0$ 和 $\boldsymbol{x}^1$ 之间的部分, γ_2 表示系统 (2.1.1) 在控制 $u_2(\boldsymbol{x})$ 下以 $\boldsymbol{x}^1$ 点为初值的正半轨在 $\boldsymbol{x}^1$ 和 $\boldsymbol{x}^2$ 之间的部分. 不失一般性, 我们假设 $\boldsymbol{x}^1$ 点是曲线 γ_1 与 γ_2 第一次相交的点, 如图 2.7 所示. 又我们可设 $\boldsymbol{x}^2 \notin \gamma_1$. 否则已证毕. 下面我们通过考虑的四种子情形来完成证明.

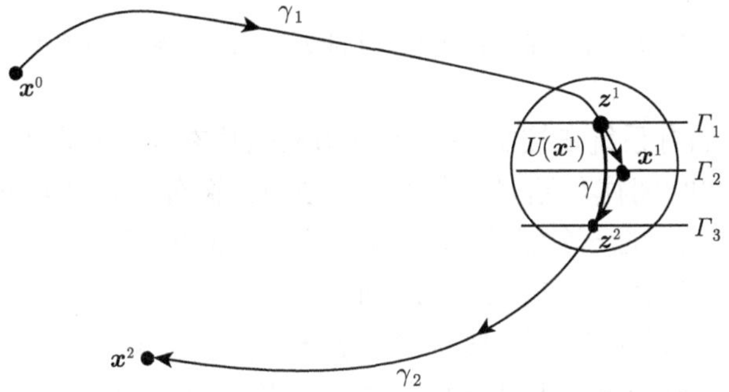

图 2.7 中间点的轨线光滑再连接

子情形 1 $\det(\boldsymbol{f}(\boldsymbol{x}^1), \boldsymbol{g}(\boldsymbol{x}^1)) \neq 0$, 即在点 $\boldsymbol{x}^1$ 的邻域 $U(\boldsymbol{x}^1)$ 内, 系统 (2.1.1) 的向量场将会走入通过 $\boldsymbol{x}^1$ 点的控制曲线的一侧. 与前面的解释一样, 我们可以令 $\Gamma_i, i = 1, 2, \cdots$ 为在 $U(\boldsymbol{x}^1)$ 内的一族控制曲线并且相互平行. 再令 $\boldsymbol{z}_1 \in \Gamma_1$ 和 $\boldsymbol{z}_2 \in \Gamma_3$ (图 2.7). 现在我们来构造一条曲线 γ 光滑地连接点 $\boldsymbol{z}_1$ 和 $\boldsymbol{z}_2$. 则按照引理 2.3 中的方法, 由 Whitney 可微延拓定理我们可以构造一个新的控制 $u(\boldsymbol{x}) \in \mathrm{Lip}(\mathbb{R}^2)$ 驱使系统 (2.1.1) 的正半轨从点 $\boldsymbol{x}^0$ 到达点 $\boldsymbol{x}^2$.

子情形 2 $\det(\boldsymbol{f}(\boldsymbol{x}^1), \boldsymbol{g}(\boldsymbol{x}^1)) = 0$, 但 $\det(\boldsymbol{f}(\boldsymbol{x}), \boldsymbol{g}(\boldsymbol{x}))$ 在过点 $\boldsymbol{x}^1$ 的控制曲线的任意邻域上 (指控制曲线的邻域, 是一维的; 而不是指平面上的邻域, 这是二维的) 不能恒等于零. 也就是说在点 $\boldsymbol{x}^1$ 的任一邻域 $U(\boldsymbol{x}^1)$ 内, 有 $\det(\boldsymbol{f}(\boldsymbol{x}), \boldsymbol{g}(\boldsymbol{x})) \neq 0$, $\boldsymbol{x} \in U(\boldsymbol{x}^1) \cap \gamma_2$. 否则就存在一邻域 $U(\boldsymbol{x}^1)$ 内, 对 $\forall\ \boldsymbol{x} \in U(\boldsymbol{x}^1) \cap \gamma_2$, 有 $\det(\boldsymbol{f}(\boldsymbol{x}), \boldsymbol{g}(\boldsymbol{x})) = 0$, 也就是说在该邻域内控制曲线 Γ 与系统轨线 γ_1 和 γ_2 重合.

令 $U(\boldsymbol{x}^0)$ 和 $U(\boldsymbol{x}^1)$ 足够小以满足引理 2.3 证明中的条件, 即控制曲线在 $U(\boldsymbol{x}^0)$ 和 $U(\boldsymbol{x}^1)$ 内可看作一族平行直线段. 选取 $\boldsymbol{y} \in \gamma_1 \cap U_b(\boldsymbol{x}^0, \delta)$ 及它的邻域 $U(\boldsymbol{y})$ 使 $U(\boldsymbol{y}) \subseteq U_b(\boldsymbol{x}^0, \delta)$ 中, $U_b(\boldsymbol{x}^0, \delta)$ 与在引理 2.3 中的定义相同, 即向量

$\boldsymbol{f}(\boldsymbol{x}_0)$ 指向被通过 $\boldsymbol{x}^0$ 的控制曲线 Γ_1 分离的那侧. 又令 Γ 是通过点 $\boldsymbol{x}^1$ 的控制曲线, 如图 2.8 所示.

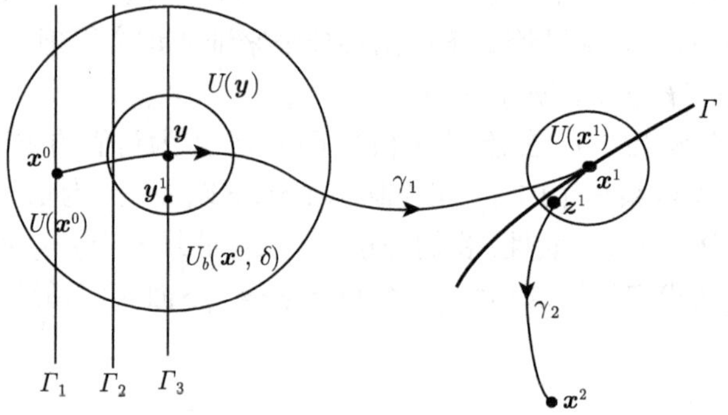

图 2.8 中间点轨线不与控制曲线重合时的轨线再连接

根据假设我们有系统在控制 $u_1(\boldsymbol{x})$ 下由初始状态 $\boldsymbol{x}^0$ 运动到 $\boldsymbol{x}^1$. 我们考虑微分方程倒着走, 即时间往负无穷方向走. 于是由常微分方程解对初值的连续性有, 对于 $U(\boldsymbol{y})$, 存在 $\boldsymbol{x}^1$ 的一个邻域, 设为 $U(\boldsymbol{x}^1)$, 使得从 $U(\boldsymbol{x}^1)$ 内任意一点出发的轨线, 都在某个时刻 (倒着) 进入 $U(\boldsymbol{y})$ 内.

由假设存在点 $\boldsymbol{z}^1 \in U(\boldsymbol{x}^1)$ 使得 $\det(\boldsymbol{f}(\boldsymbol{z}^1), \boldsymbol{g}(\boldsymbol{z}^1)) \neq 0$. 根据上面分析, 我们设系统在控制 $u_1(\boldsymbol{x})$ 下状态从点 $\boldsymbol{z}^1$ (倒着) 到达点 $\boldsymbol{y}^1 \in U(\boldsymbol{y})$. 再由引理 2.3 中的方法, 可构造出新的控制 $\overline{u}_1(\boldsymbol{x}) \in \mathrm{Lip}(\mathbb{R}^2)$ 使得系统状态从 $\boldsymbol{x}^0$ 经过 $\boldsymbol{y}^1$ 到达 $\boldsymbol{z}^1$. 这样可知 $\boldsymbol{z}^1 \in \mathfrak{R}(\boldsymbol{x}^0)$ 和 $\boldsymbol{x}^2 \in \mathfrak{R}(\boldsymbol{z}^1)$. 这样就化为上面的子情形 2.

子情形 3 存在点 $\boldsymbol{x}^1$ 的一个邻域 $U_2(\boldsymbol{x}^1)$ 使得 $\det(\boldsymbol{f}(\boldsymbol{x}), \boldsymbol{g}(\boldsymbol{x})) \equiv 0$, $\boldsymbol{x} \in U_2(\boldsymbol{x}^1) \cap \gamma_2$, 以及在点 $\boldsymbol{x}^1$ 上系统 (2.1.1) 在控制 u_1 和 u_2 下的向量场是同方向的, 如图 2.9 所示.

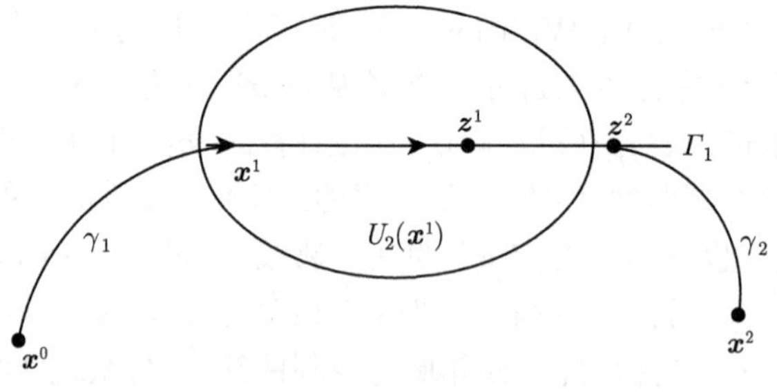

图 2.9 在控制曲线段上控制向量场与系统向量场平行时的轨线再连接

在此情形时, 在邻域 $U_2(\boldsymbol{x}^1)$ 中 γ_2 和通过点 $\boldsymbol{x}^1$ 的控制曲线 Γ_1 完全重合以及

系统 (2.1.1) 在控制 u_1 下以 $\boldsymbol{x}^1$ 为初值的正方向轨线也在邻域 $U_2(\boldsymbol{x}^1)$ 中与 γ_2 重合且方向相同, 如图 2.9 所示.

如果 $\boldsymbol{x}^2$ 位于图中的 $\boldsymbol{z}^1$ 点的位置, 即 $\boldsymbol{x}^2$ 位于 γ_2 与 Γ_1 重合的部分, 则可直接延拓控制 $u_1(\boldsymbol{x})$ 到线段 $\boldsymbol{x}^1$ 和 $\boldsymbol{z}^1$ 之间的线段上, 新控制记为 $\overline{u}_1(\boldsymbol{x})$, 使得系统在控制 $\overline{u}_1$ 下状态由 $\boldsymbol{x}^0$ 到达 $\boldsymbol{z}^1$. 这样就有 $\boldsymbol{x}^2 \in \mathfrak{R}(\boldsymbol{x}^0)$.

如果 $\boldsymbol{x}^2$ 不位于 Γ_1 上, 则把 γ_2 从 $\boldsymbol{x}^1$ 出发第一次与 Γ_1 分岔的点记为 $\boldsymbol{z}^2$ (图 2.9). 这样我们可以按上面方法构造新控制使得 $\boldsymbol{z}^2 \in \mathfrak{R}(\boldsymbol{x}^0)$. 由已知又有 $\boldsymbol{x}^2 \in \mathfrak{R}(\boldsymbol{z}^2)$. 这时此情形刚好化为上面的子情形 2.

子情形 4 存在 $\boldsymbol{x}^1$ 点的一个邻域 $U_2(\boldsymbol{x}^1)$ 使得 $\det(\boldsymbol{f}(\boldsymbol{x}),\boldsymbol{g}(\boldsymbol{x})) \equiv 0$, $\boldsymbol{x} \in U_2(\boldsymbol{x}^1)\cap\gamma_2$, 以及在点 $\boldsymbol{x}^1$ 上系统 (2.1.1) 在控制 u_1 和 u_2 下的向量场是反方向的, 如图 2.10 所示.

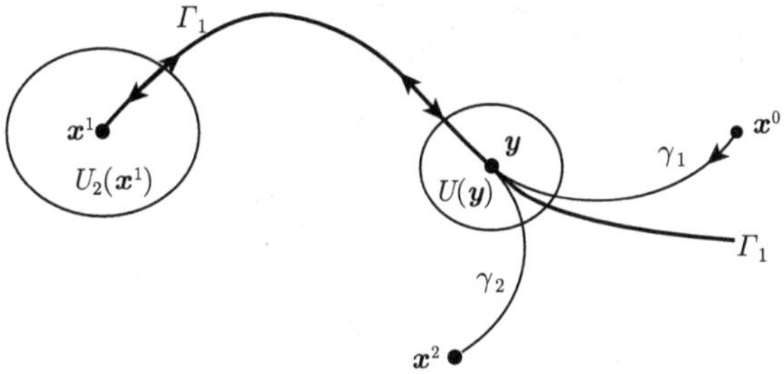

图 2.10 中间点轨线走向相反且重合时的轨线再连接

在此情形时, γ_1 和 γ_2 在 $U_2(\boldsymbol{x}^1)$ 上一定和通过点 $\boldsymbol{x}^1$ 的控制曲线 Γ_1 重合, 这和我们的假设点 $\boldsymbol{x}^1$ 是 γ_1 第一次和 γ_2 相交的点矛盾. 由于 $\det(\boldsymbol{f}(\boldsymbol{x}^0),\boldsymbol{g}(\boldsymbol{x}^0)) \neq 0$, 所以 γ_1 不会和 Γ_1 完全重合, 则一定存在一个分岔点 $\boldsymbol{y} \in \Gamma_1$, 即在点 $\boldsymbol{y}$ 上 γ_1 和 γ_2 第一次相遇, 如图 2.10 所示. 则在点 $\boldsymbol{y}$ 的任何邻域 $U(\boldsymbol{y})$ 上, 对于 $\bar{\boldsymbol{y}} \in U(\boldsymbol{y})\cap\gamma_2$ 有 $\det(\boldsymbol{f}(\bar{\boldsymbol{y}}),\boldsymbol{g}(\bar{\boldsymbol{y}})) \neq 0$, 否则 γ_1 和 γ_2 在 $U(\boldsymbol{y})$ 内将和控制曲线 Γ_1 完全重合. 这样就和我们的假设点 $\boldsymbol{y}$ 是分岔点矛盾. 这样子情形 4 就化为上面的子情形 2.

情形 B $\det(\boldsymbol{f}(\boldsymbol{x}^0),\boldsymbol{g}(\boldsymbol{x}^0)) = 0$.

我们分别考虑下面两种子情形.

子情形 1 存在一点 $\overline{\boldsymbol{x}}^0 \in \gamma_1$, 使得 $\det(\boldsymbol{f}(\overline{\boldsymbol{x}}^0),\boldsymbol{g}(\overline{\boldsymbol{x}}^0)) \neq 0$. 在这种情形下, 我们可以令 $\overline{\boldsymbol{x}}^0$ 为新的初始点, 这样此情形就化为上面已经讨论的情形 A.

子情形 2 对所有点 $\overline{\boldsymbol{x}}^0 \in \gamma_1$, 有 $\det(\boldsymbol{f}(\overline{\boldsymbol{x}}^0),\boldsymbol{g}(\overline{\boldsymbol{x}}^0)) = 0$.

这样我们可按在点 $\boldsymbol{x}^1$ 轨线 γ_1 与 γ_2 的方向是否相同还是相反两种情况讨论.

如果在点 $\boldsymbol{x}^1$ 轨线 γ_1 与 γ_2 的方向相反 (图 2.11), 显然 γ_2 从 $\boldsymbol{x}^1$ 出发要先经过 $\boldsymbol{x}^0$ 再到达 $\boldsymbol{x}^2$. 易知 $\boldsymbol{x}^2 \in \mathfrak{R}(\boldsymbol{x}^0)$.

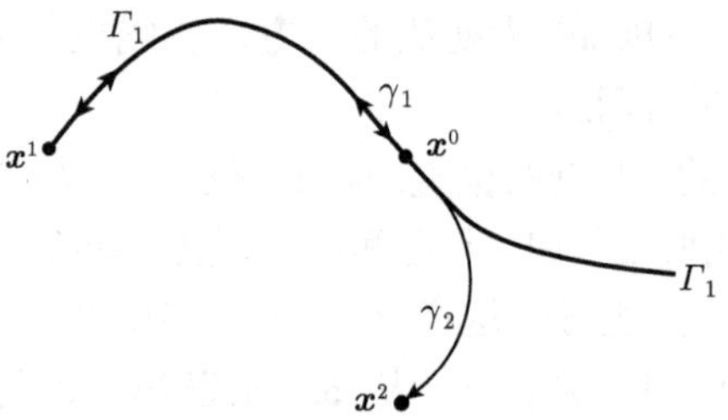

图 2.11 中间点轨线方向相反且完全重合时的轨线再连接

如果在点 $\boldsymbol{x}^1$ 轨线 γ_1 与 γ_2 的方向相同 (图 2.12), 此时不难在 γ_1 上重新定义控制 u_2, 使得在新的控制下有 $\boldsymbol{x}^2 \in \mathfrak{R}(\boldsymbol{x}^0)$.

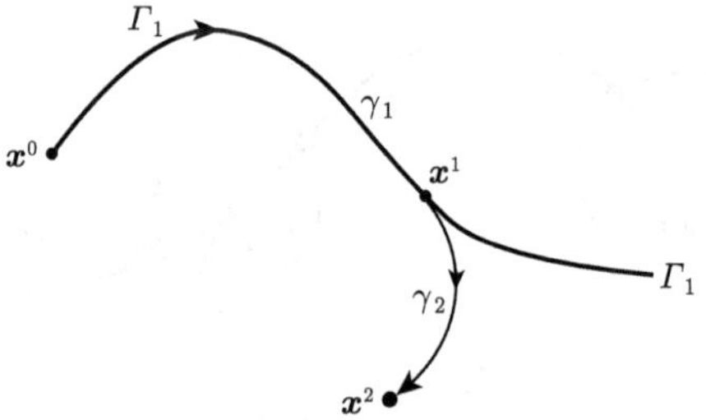

图 2.12 中间点轨线方向相同且完全重合时的轨线再连接

到此引理 2.4 的证明就全部完成. ■

2.1.3 全局能控性的判据

定理 2.1 *控制系统 (2.1.1) 全局能控的***充要条件***是函数 $g_1(\boldsymbol{x})f_2(\boldsymbol{x}) - g_2(\boldsymbol{x})f_1(\boldsymbol{x})$ 在每一条控制曲线上变号.*

注 2.2 *我们把 $g_1(\boldsymbol{x})f_2(\boldsymbol{x}) - g_2(\boldsymbol{x})f_1(\boldsymbol{x})$ 称为系统 (2.1.1) 全局能控性的判据函数, 记作 $\mathcal{C}(\boldsymbol{x})$. 它其实就是系统向量 $\boldsymbol{f}(\boldsymbol{x})$ 和控制向量 $\boldsymbol{g}(\boldsymbol{x})$ 组成的二阶方阵行列式.*

在证明之前, 先给出此定理的一个直观的解释.

根据引理 2.1 和拟 Jordan 曲线定理, 每一条控制曲线都把平面分为两个互不连通的部分, 再由常微分方程解的存在与唯一性, 有任意两条控制曲线要么完全重合, 要么完全不同 (就是不可能相交), 这样从大体上看, 我们可以认为控制曲线把平面 $\mathbb{R}^2$ 分为一层一层的叶层结构 (图 2.13), 其中 $\Gamma_i, i = 1, 2, \cdots$ 是系统 (2.1.1) 的一些控制曲线.

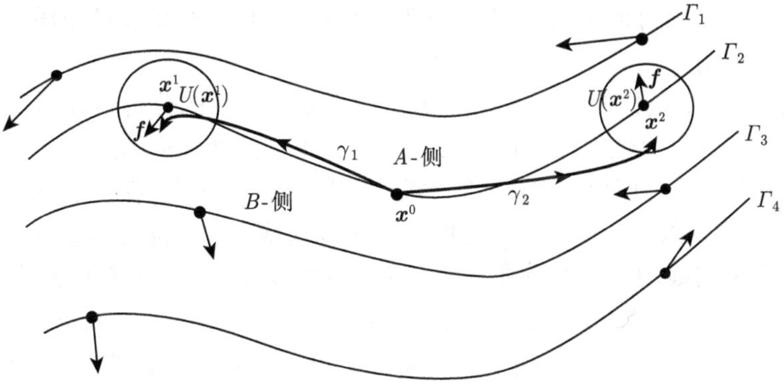

图 2.13 控制轨线的走向

假定点 $\boldsymbol{x}^0$ 位于控制曲线 Γ_2 上, Γ_2 把平面分为互不连通的两侧. 如果函数 $g_1(\boldsymbol{x})f_2(\boldsymbol{x})-g_2(\boldsymbol{x})f_1(\boldsymbol{x})$ 在曲线 Γ_2 上改变符号, 则存在两点 $\boldsymbol{x}^1,\boldsymbol{x}^2\in\Gamma_2$ 使得对于任何控制 $u(\boldsymbol{x})$, 控制系统以 $\boldsymbol{x}^1$ 和 $\boldsymbol{x}^2$ 为初值的正半轨将会进入曲线 Γ_2 不同的一侧, 如图 2.13 所示. 因此, 例如, 在点 $\boldsymbol{x}^1$ 上, 存在一个邻域 $U(\boldsymbol{x}^1)$ 使得控制系统以在 $U(\boldsymbol{x}^1)$ 内的任何点为初值在任何控制函数 $u(\boldsymbol{x})$ 下的正半轨都将进入 B-侧.

因此由引理 2.2, 可令控制函数 $u(\boldsymbol{x})$ 在控制曲线 Γ_2 的一个管状邻域上充分大, 这个管状邻域包括点 $\boldsymbol{x}^0$ 和 $\boldsymbol{x}^1$, 且控制系统的向量场方向是从点 $\boldsymbol{x}^0$ 到点 $\boldsymbol{x}^1$. 则在这个控制下, 系统以点 $\boldsymbol{x}^0$ 为初值的正半轨将会在有限的时间内到达 $U(\boldsymbol{x}^1)$, 然后我们可以迫使轨线进入 $U(\boldsymbol{x}^1)$ 内被 Γ_2 分割开的 B-侧. 重复这个过程, 我们可以证明轨线最终在有限的时间内到达平面 $\mathbb{R}^2$ 上的任意点. 根据下面的证明我们可以得到满足要求且属于空间 $\mathrm{Lip}(\mathbb{R}^2)$ 的控制函数①.

证明 我们首先通过反证法证明定理 2.1 的必要性.

我们假设系统 (2.1.1) 是全局能控的, 但存在一条控制曲线 $\Gamma:\boldsymbol{\alpha}(t),t\in T$ 使得函数 $g_1(\boldsymbol{x})f_2(\boldsymbol{x})-g_2(\boldsymbol{x})f_1(\boldsymbol{x})$ 在 Γ 上不变号, 其中 T 是 Γ 的存在区间. 由拟 Jordan 曲线定理, 控制曲线 Γ 把平面分为两个不相交的部分, 我们把它们分别记为 A-侧和 B-侧. 不失一般性, 我们假设

$$g_1(\boldsymbol{\alpha}(t))f_2(\boldsymbol{\alpha}(t))-g_2(\boldsymbol{\alpha}(t))f_1(\boldsymbol{\alpha}(t))\geqslant 0,\quad \forall\, t\in T \tag{2.1.14}$$

再令 Γ 的法向量为 $\boldsymbol{p}(\boldsymbol{\alpha}(t))=(-g_2(\boldsymbol{\alpha}(t)),g_1(\boldsymbol{\alpha}(t)))^{\mathrm{T}}\neq 0$. 由于对任意 $t\in T$, 有 $\langle\boldsymbol{f}(\boldsymbol{\alpha}(t)),\boldsymbol{p}(\boldsymbol{\alpha}(t))\rangle\geqslant 0$, 其中 $\langle\cdot,\cdot\rangle$ 表示两个向量的内积, 因此 $\boldsymbol{p}(\boldsymbol{\alpha}(t))$ 总是指向上面两侧中的一侧. 不失一般性, 我们假设 $\boldsymbol{p}(\boldsymbol{\alpha}(t))$ 指向 A-侧. 于是, 从直观上来看, 我们很容易知道: 如果 $\boldsymbol{x}^1$ 位于 A-侧, 则对所有的控制, 系统 (2.1.1) 以点 $\boldsymbol{x}^1$

① 由更细致的分析, 甚至可以做到光滑的控制函数.

为初值的正半轨不可能进入 B-侧. 这就与系统 (2.1.1) 全局能控矛盾. 下面我们给出严格的证明.

不失一般性, 我们假设原点位于 B-侧, 否则在下面的分析中我们可以做一个简单的坐标平移变换使得原点位于 B-侧, 并且不会改变我们的结论.

现在我们有, 对任何在曲线 Γ 上的点 $\boldsymbol{x}^0=(x_1^0,x_2^0)^{\mathrm{T}}$, 存在点 $\boldsymbol{x}^0$ 的一个邻域 $U(\boldsymbol{x}^0)$ 使得曲线 Γ 在 $U(\boldsymbol{x}^0)$ 内的部分可以写成 $x_2=\phi(x_1)$ (或 $x_1=\phi(x_2)$), 这是由于控制曲线的向量场是非零的. 现在我们令 Γ 指向 A-侧的法向量表示成 $\boldsymbol{p}(\boldsymbol{x}^0)=(p_1(\boldsymbol{x}^0),p_2(\boldsymbol{x}^0))^{\mathrm{T}}$. 不失一般性, 我们假设 $p_2(\boldsymbol{x}^0)>0$ (其他的情形可以类似处理). 则如图 2.14(a) 所示, 在曲线 Γ 的 A-侧并且在邻域 $U(\boldsymbol{x}^0)$ 内的点 $(x_1,x_2)^{\mathrm{T}}$ 满足 $x_2>\phi(x_1)$.

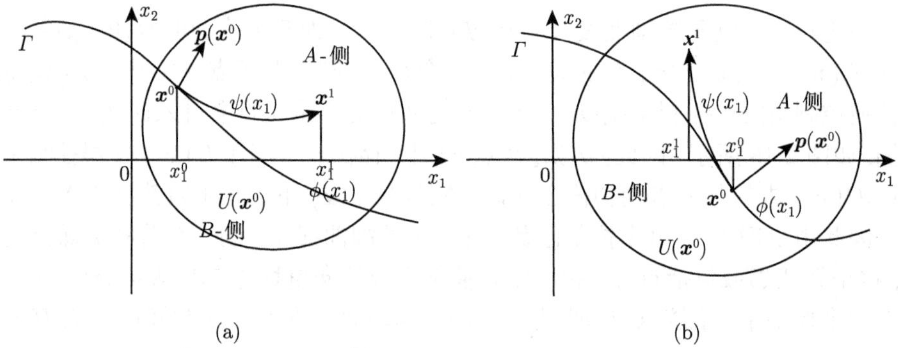

图 2.14 轨线走向的局部分析示意图

对于任何控制函数 $u(t)$①, 如果存在邻域 $[0,\beta)$, 其中 $\beta>0$, 使得 $\boldsymbol{f}(\boldsymbol{x}^0)+\boldsymbol{g}(\boldsymbol{x}^0)u(t)\equiv 0, \forall\, t\in[0,\beta)$. 则点 $\boldsymbol{x}^0$ 是平衡点, 即从 $\boldsymbol{x}^0$ 出发的轨线在时间段 $[0,\beta)$ 上一直在状态 $\boldsymbol{x}^0$ 上. 显然, 这是个平凡情形. 于是, 我们假设 $\boldsymbol{f}(\boldsymbol{x}^0)+\boldsymbol{g}(\boldsymbol{x}^0)u(0)\neq 0$. 下面分两种情形讨论.

情形 1 $f_1(\boldsymbol{x}^0)+g_1(\boldsymbol{x}^0)u(0)\neq 0$.

当 $f_1(\boldsymbol{x}^0)+g_1(\boldsymbol{x}^0)u(0)>0$, 我们不妨进一步假设在 $U(\boldsymbol{x}^0)$ 及 $0\leqslant t<\beta$ 内有 $f_1(\boldsymbol{x})+g_1(\boldsymbol{x})u(t)>0$ 和 $p_2(\boldsymbol{x})>0$. 则由关于控制曲线 Γ 的假设, 在 Γ 上有

$$\begin{aligned}&\langle \boldsymbol{f}(\boldsymbol{x})+\boldsymbol{g}(\boldsymbol{x})u(t),\boldsymbol{p}(\boldsymbol{x})\rangle\\&=[f_1(\boldsymbol{x})+g_1(\boldsymbol{x})u(t)]p_1(\boldsymbol{x})+[f_2(\boldsymbol{x})+g_2(\boldsymbol{x})u(t)]p_2(\boldsymbol{x})\geqslant 0\end{aligned}\tag{2.1.15}$$

因此在 $U(\boldsymbol{x}^0)\cap\Gamma$ 上我们有

① 如果控制是状态的函数 $u(\boldsymbol{x})$, 则证明更为简单, 因为闭环系统是自治系统.

$$\frac{f_2(\boldsymbol{x})+g_2(\boldsymbol{x})u(t)}{f_1(\boldsymbol{x})+g_1(\boldsymbol{x})u(t)} \geqslant -\frac{p_1(\boldsymbol{x})}{p_2(\boldsymbol{x})} \tag{2.1.16}$$

由于 Γ 是控制曲线及 $\boldsymbol{p}(\boldsymbol{x})=(g_2(\boldsymbol{x}),-g_1(\boldsymbol{x}))$ 或 $(-g_2(\boldsymbol{x}),g_1(\boldsymbol{x}))$, 所以

$$-\frac{p_1(\boldsymbol{x})}{p_2(\boldsymbol{x})}=\frac{g_2(\boldsymbol{x})}{g_1(\boldsymbol{x})}=\frac{\mathrm{d}\phi(x_1)}{\mathrm{d}x_1}, \qquad \boldsymbol{x}\in\Gamma\cap U(\boldsymbol{x}^0)$$

因此, 我们有

$$\frac{\mathrm{d}x_2}{\mathrm{d}x_1}=\frac{f_2(\boldsymbol{x})+g_2(\boldsymbol{x})u(t)}{f_1(\boldsymbol{x})+g_1(\boldsymbol{x})u(t)} \geqslant \frac{\mathrm{d}\alpha(x_1)}{\mathrm{d}x_1}, \qquad \boldsymbol{x}\in\Gamma\cap U(\boldsymbol{x}^0) \tag{2.1.17}$$

由于系统 (2.1.1) 在控制函数 $u(t)$ 下以 $\boldsymbol{x}^0$ 为初值的正半轨 $\boldsymbol{\varphi}_u(\boldsymbol{x}^0,t)(t>0)$ 满足式 (2.1.17) 中左边的方程, 又它的轨线在像空间中的邻域 $U(\boldsymbol{x}^0)$ 内也可以写成 $\psi(x_1)$ 的形式. 然后由 $f_1(\boldsymbol{x}^0)+g_1(\boldsymbol{x}^0)u(0)>0$, 故在相空间中轨线 $\psi(x_1)$ 必定向 x_1 轴的正方向走. 因此 $u(t)$ 中的时间 t 也可改写成 x_1 的连续函数, 即控制 $u(t)$ 可以写成 $u(x_1)$ 的形式, 且是 x_1 的 (右) 连续函数.

最后由比较原理, 即定理 1.23 有 $\psi(x_1)\geqslant\alpha(x_1), x_1\in[x_1^0,x_1^1)$, 其中 $x_1^0<x_1^1$, 如图 2.14(a) 所示.

类似地, 当 $f_1(\boldsymbol{x}^0)+g_1(\boldsymbol{x}^0)u(\boldsymbol{x}^0)<0$, 仿照上面的证明过程, 我们也可以得到下面的结果: $\psi(x_1)\geqslant\phi(x_1), x_1\in(x_1^1,x_1^0]$, 如图 2.14(b) 所示, 这里 $x_1^1<x_1^0$. 因此, 系统 (2.1.1) 以点 $\boldsymbol{x}^0$ 为初值的正半轨不可能进入 B-侧.

情形 2 $f_1(\boldsymbol{x}^0)+g_1(\boldsymbol{x}^0)u(0)=0$, 但在任意邻域 $[0,\tau)$ 上, 其中 $\tau>0$, 有 $f_1(\boldsymbol{x}^0)+g_1(\boldsymbol{x}^0)u(t)\neq 0, \forall\, t\in[0,\tau)$.

此时不妨设 $g_1(\boldsymbol{x}^0)\neq 0$. 于是我们可以构造新的控制 $u_\epsilon(t)=u(t)+\epsilon$, 其中 $\epsilon>0$. 容易验证 $f_1(\boldsymbol{x}^0)+g_1(\boldsymbol{x}^0)u_\epsilon(0)=g_1(\boldsymbol{x}^0)\epsilon\neq 0$.

然后根据情形 1 中的方法有, 在相空间上, 系统在控制 $u_\epsilon(t)$ 下从 $\boldsymbol{x}^0$ 出发的轨线在控制曲线 Γ 的 A-侧. 最后利用常微分方程解对参数的连续性, 有当 $\epsilon\to 0$ 时, 系统在控制 $u_\epsilon(t)$ 下的轨线趋于在控制 $u(t)$ 下的轨线. 因为 A-侧加上控制曲线 Γ 的对应部分是个闭集, 故系统在控制 $u(t)$ 下的轨线在控制曲线 Γ 的 A-侧或控制曲线上, 不可能进入 B-侧.

由于点 $\boldsymbol{x}^0$ 是控制曲线 Γ 上的任意点, 因此在任意控制函数 $u(t)$ 下系统 (2.1.1) 以曲线 Γ 上的点为初值的正半轨都不能进入曲线 Γ 的 B-侧. 于是系统 (2.1.1) 在任意控制函数 $u(t)$ 下以曲线 Γ 的 A-侧中的任意点为初值的正半轨都不能进入曲线 Γ 的 B-侧. 这样就与系统是全局能控这个假设矛盾. 定理的必要性证明完毕.

下面, 我们同样用反证法来证明定理的充分性.

我们假设函数 $g_1(\boldsymbol{x})f_2(\boldsymbol{x}) - g_2(\boldsymbol{x})f_1(\boldsymbol{x})$ 在每一条控制曲线上变号, 但系统 (2.1.1) 不是全局能控的. 则存在一点 $\boldsymbol{x}^1 \in \mathbb{R}^2$ 使得点 $\boldsymbol{x}^1$ 的能达集 $\mathfrak{R}(\boldsymbol{x}^1) \neq \mathbb{R}^2$. 于是一定存在一点 $\boldsymbol{z} \in \partial(\mathfrak{R}(\boldsymbol{x}^1))$, 其中 $\partial(\mathfrak{R}(\boldsymbol{x}^1))$ 指 $\mathfrak{R}(\boldsymbol{x}^1)$ 的边界. 最后, 我们将分两种情形证明定理 2.1 的充分性.

情形 1 $\det(\boldsymbol{f}(\boldsymbol{x}^1), \boldsymbol{g}(\boldsymbol{x}^1)) \neq 0$.

由拟 Jordan 曲线定理和引理 2.3 有, 通过点 $\boldsymbol{z}$ 的控制曲线 Γ_1 把平面分为两个不连通的集合, 如图 2.15, 我们把这两个集合分别称作 A-侧和 B-侧. 对于点 z 的任意小邻域 $U(\boldsymbol{z})$, Γ_1 也把 $U(\boldsymbol{z})$ 分为两部分, 我们把它们称作 A-部分与 B-部分, 并且它们分别包含在相应的 A-侧和 B-侧内. 因此 $U(\boldsymbol{z})$ 被 Γ_1 分为三部分, A-部分, B-部分和曲线 Γ_1 在 $U(\boldsymbol{z})$ 内的部分. 由于 $z \in \partial(\mathfrak{R}(\boldsymbol{x}^1))$, 则一定在上面的三部分中至少有一个包含无穷多个从 $\boldsymbol{x}^1$ 出发的能达点.

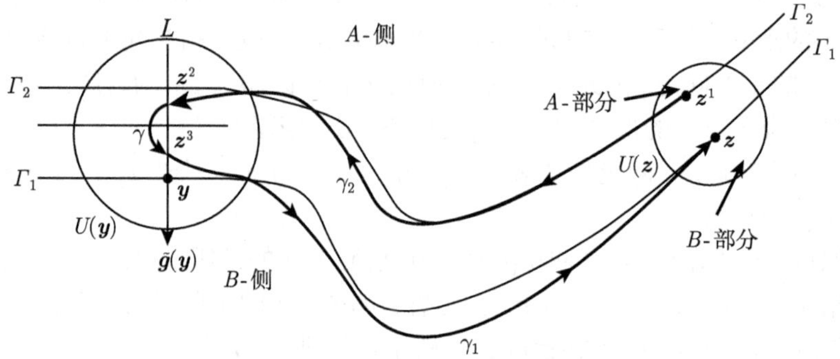

图 2.15 轨线的控制与能达集

现在我们将证明在点 $\boldsymbol{z}$ 的任意小邻域 $U(\boldsymbol{z})$ 的 A-部分或 B-部分内一定存在无穷多个从 $\boldsymbol{x}^1$ 出发的能达点. 否则, 我们假设存在点 $\boldsymbol{z}$ 的一个邻域使得所有从 $\boldsymbol{x}^1$ 出发的能达点都在 Γ_1 上. 由 $\boldsymbol{z} \in \partial(\mathfrak{R}(\boldsymbol{x}^1))$ 及引理 2.3, 可知在点 $\boldsymbol{z}$ 的任意小邻域内存在能达点. 否则与从 $\boldsymbol{x}^1$ 出发的能达集是开集矛盾. 因此, 不失一般性, 我们假设在 A-部分存在无穷多个能达点.

令 Γ_1 的法向量为 $\widetilde{\boldsymbol{g}}(\boldsymbol{x}) = (-g_2(\boldsymbol{x}), g_1(\boldsymbol{x}))^{\mathrm{T}}$, $\boldsymbol{x} \in \Gamma_1$. 则 $\widetilde{g}(\boldsymbol{x})$ 必定指向 Γ_1 所分两侧中的一侧. 不失一般性, 我们假设 $\widetilde{\boldsymbol{g}}(\boldsymbol{x})$ 指向 B-侧 (图 2.15). 由定理 2.1 的条件, 存在一点 $\boldsymbol{y} \in \Gamma_1$ 使得 $g_1(\boldsymbol{y})f_2(\boldsymbol{y}) - g_2(\boldsymbol{y})f_1(\boldsymbol{y}) > 0$, 即系统 (2.1.1) 在任意控制 u 下在点 $\boldsymbol{y}$ 处的向量场一定指向 B-侧. 于是存在点 $\boldsymbol{y}$ 的一个足够小的邻域 $U(\boldsymbol{y})$ 使得 $g_1(\boldsymbol{x})f_2(\boldsymbol{x}) - g_2(\boldsymbol{x})f_1(\boldsymbol{x}) > 0, \forall\, \boldsymbol{x} \in U(\boldsymbol{y})$, 及在其内的控制曲线可以看作一族平行直线 (由直化定理) (图 2.15).

由上面的假设, 存在一点 $\boldsymbol{z}^1 \in \mathfrak{R}(\boldsymbol{x}^1)$ 且在 A-部分内, 使得经过点 $\boldsymbol{z}^1$ 的控制曲线 Γ_2 到达 $U(\boldsymbol{y})$. 由于点 $\boldsymbol{z}^1$ 在 A-侧内, 则由相轨线的唯一性有 Γ_2 在 A-侧内

(图 2.15). 令 L 为在 $U(\boldsymbol{y})$ 内通过点 $\boldsymbol{y}$ 且垂直于控制曲线 Γ_1 的直线 (图 2.15). 由引理 2.2, 存在两个控制函数 $u_2(\boldsymbol{x})$ 和 $u_1(\boldsymbol{x})$ 使得以点 $\boldsymbol{z}^1$ 和 $\boldsymbol{z}$ 为初值的正半轨和负半轨分别到达 L 上的点 $\boldsymbol{z}^2$ 和 $\boldsymbol{z}^3$, 并且点 $\boldsymbol{z}^2$ 位于 $\boldsymbol{z}^3$ 上 (图 2.15).

因此由 2.1.2 小节中的方法, 我们可以构造一条曲线段 γ 光滑地连接两点 $\boldsymbol{z}^2$ 和 $\boldsymbol{z}^3$, 并且 γ 在其上任意一点不与系统 (2.1.3) 的向量场 (即控制曲线) 相切 (图 2.15). 对于曲线 γ, 我们可以在其上定义一个光滑的非零向量场 $\boldsymbol{k}(\boldsymbol{x}) = (k_1(\boldsymbol{x}), k_2(\boldsymbol{x})), \boldsymbol{x} \in \gamma$, 并且它的方向如图 2.15 所示 (事实上 $\boldsymbol{k}(\boldsymbol{x})$ 就是 γ 的切向量). 由 2.1.2 小节中的方法, 我们可以得到一个新的控制函数使得 $\boldsymbol{z} \in \mathfrak{R}(\boldsymbol{z}^1)$. 最后, 由于 $\boldsymbol{z}^1 \in \mathfrak{R}(\boldsymbol{x}^1)$, 由引理 2.4 我们有 $\boldsymbol{z} \in \mathfrak{R}(\boldsymbol{x}^1)$. 再由引理 2.3 我们有点 $\boldsymbol{z}$ 是 $\mathbb{R}(\boldsymbol{x}^1)$ 的内点, 这与我们的假设 $\boldsymbol{z}$ 是边界点矛盾. 因此 $\mathfrak{R}(\boldsymbol{x}^1) = \mathbb{R}^2$.

情形 2 $\det(\boldsymbol{f}(\boldsymbol{x}^1), \boldsymbol{g}(\boldsymbol{x}^1)) = 0$.

令 Γ_3 表示系统 (2.1.1) 经过点 $\boldsymbol{x}^1$ 的控制曲线. 由定理 2.1 的条件知, 存在一点 $\boldsymbol{x}^2$ 使得 $\det(\boldsymbol{f}(\boldsymbol{x}^2), \boldsymbol{g}(\boldsymbol{x}^2)) \neq 0$. 再由引理 2.2, 存在一个控制 $u_1(\boldsymbol{x})$ 使得系统以点 $\boldsymbol{x}^1$ 为初值的正半轨 γ_1 到达点 $\boldsymbol{x}^3$, 其中 $\boldsymbol{x}^3 \in \mathfrak{R}(\boldsymbol{x}^1)$ 且 $\det(\boldsymbol{f}(\boldsymbol{x}^3), \boldsymbol{g}(\boldsymbol{x}^3)) \neq 0$. 由情形 1, 我们有 $\mathfrak{R}(\boldsymbol{x}^3) = \mathbb{R}^2$. 再由引理 2.4, 我们有 $\mathfrak{R}(\boldsymbol{x}^1) = \mathbb{R}^2$. 这就全部完成了定理 2.1 的证明. ■

现在我们对定理 2.1 的条件和结论都做一点强化, 这将在第 3 章研究具有三角形结构的高维系统中发挥重要作用.

考虑下面平面仿射非线性系统:

$$\begin{aligned} \dot{x}_1 &= f_1(x_1, x_2) + g_1(x_1, x_2)u(\cdot) \\ \dot{x}_2 &= f_2(x_1, x_2) + g_2(x_1, x_2)u(\cdot) \end{aligned} \tag{2.1.18}$$

其中, $f_i(\boldsymbol{x}), g_i(\boldsymbol{x}) \in \mathrm{C}^m(\mathbb{R}^2)$, $i = 1, 2$, 对任意 $\boldsymbol{x} = (x_1, x_2)^{\mathrm{T}} \in \mathbb{R}^2$ 有 $\boldsymbol{g}(\boldsymbol{x}) = (g_1(\boldsymbol{x}), g_2(\boldsymbol{x}))^{\mathrm{T}} \neq \boldsymbol{0}$, $u(\cdot)$ 是控制输入.

定理 2.2 令系统 (2.1.18) 为全局能控的. 则对 $\mathbb{R}^2$ 中任意两点 $\boldsymbol{x}^0$ 和 $\boldsymbol{x}^1$, 存在一个状态的 m 阶光滑控制函数, 即 $u(\boldsymbol{x}) \in \mathrm{C}^m(\mathbb{R}^2)$, 使得系统 (2.1.18) 在控制 $u(\boldsymbol{x})$ 下的轨线满足 $\boldsymbol{x}(0) = \boldsymbol{x}^0$ 和 $\boldsymbol{x}(T) = \boldsymbol{x}^1$, 其中时间 $0 \leqslant T < +\infty$.

系统 (2.1.18) 在控制 $u(\boldsymbol{x}) \in \mathrm{C}^m(\mathbb{R}^2)$ 下从点 $\boldsymbol{x}^0$ 出发的**能达集**定义为

$$\mathfrak{R}_{\mathrm{C}}(\boldsymbol{x}^0) \triangleq \bigcup_{u \in \mathrm{C}^m(\mathbb{R}^2)} \{\boldsymbol{\varphi}_u(\boldsymbol{x}^0, t) \mid t > 0\} \tag{2.1.19}$$

其中, $\boldsymbol{\varphi}_u(\boldsymbol{x}^0, t)$ 是指系统 (2.1.18) 在控制 $u(\boldsymbol{x})$ 下从点 $\boldsymbol{x}^0$ 出发的轨线. 定理 2.2 剩下的证明与定理 2.1 完全一样, 故此从略.

下面我们来看几个例子.

例 2.1 考虑下面二阶线性系统:

$$\dot{\boldsymbol{x}} = \boldsymbol{A}\boldsymbol{x} + \boldsymbol{B}u \tag{2.1.20}$$

其中, $\boldsymbol{x} = \begin{pmatrix} x_1 \\ x_2 \end{pmatrix}, \boldsymbol{A} = \begin{pmatrix} a_{11} & a_{12} \\ a_{21} & a_{22} \end{pmatrix}, \boldsymbol{B} = \begin{pmatrix} b_1 \\ b_2 \end{pmatrix}$.

令 $\Delta = \det(\boldsymbol{B}, \boldsymbol{A}\boldsymbol{B})$, 即 $\Delta = a_{21}b_1^2 + a_{22}b_1b_2 - a_{11}b_1b_2 - a_{12}b_2^2$.

微分方程

$$\begin{cases} \dot{x}_1 = b_1 \\ \dot{x}_2 = b_2 \end{cases} \tag{2.1.21}$$

定义的控制曲线是:

$$\begin{cases} x_1 = b_1 t + c_1 \\ x_2 = b_2 t + c_2 \end{cases}, \quad t \in (-\infty, +\infty) \tag{2.1.22}$$

其中, c_1 和 c_2 是任意常数. 因此

$$\begin{aligned} & b_2(a_{11}x_1 + a_{12}x_2) - b_1(a_{21}x_1 + a_{22}x_2) \\ = & b_2(a_{11}(b_1t + c_1) + a_{12}(b_2t + c_2)) - b_1(a_{21}(b_1t + c_1) + a_{22}(b_2t + c_2)) \\ = & (b_1b_2a_{11} + b_2^2a_{12} - a_{21}b_1^2 - a_{22}b_1b_2)t + (b_2a_{11}c_1 + b_2a_{12}c_2 - b_1a_{21}c_1 - b_1a_{22}c_2) \\ = & -\Delta t + (b_2a_{11}c_1 + b_2a_{12}c_2 - b_1a_{21}c_1 - b_1a_{22}c_2) \end{aligned}$$

由此可见 $\Delta \neq 0$, 即 $(\boldsymbol{A}, \boldsymbol{B})$ 能控[①]就是函数 $b_2(a_{11}x_1 + a_{12}x_2) - b_1(a_{21}x_1 + a_{22}x_2)$ 在由方程 (2.1.21) 所定义的任意控制曲线上变号的充分必要条件. 这个例子说明了在二阶线性系统中的标准结果可以由定理 2.1 推导出来. ■

根据控制曲线的定义, 它本质上依赖于求解一个非线性的常微分方程, 故除少数例外, 一般不能得到其解析解. 下面我们来介绍一个在控制曲线不能求除其解析解的情况下, 也能判别其全局能控性的例子.

例 2.2 考虑下面二阶仿射非线性系统:

$$\begin{aligned} \dot{x}_1 &= \sin(x_1^2 + x_2^2) + \cos(x_1^2 + x_2^2)u \\ \dot{x}_2 &= \cos(x_1^2 + x_2^2) + \sin(x_1^2 + x_2^2)u \end{aligned} \tag{2.1.23}$$

根据上面系统方程, 我们有判据函数为:

$$g_1(\boldsymbol{x})f_2(\boldsymbol{x}) - g_2(\boldsymbol{x})f_1(\boldsymbol{x}) = \cos^2(x_1^2 + x_2^2) - \sin^2(x_1^2 + x_2^2)$$

① 概念 $(\boldsymbol{A}, \boldsymbol{B})$ 能控可参考文献 [19].

$$= \cos[2(x_1^2 + x_2^2)] = \cos(2r^2) \tag{2.1.24}$$

其中, $r = \sqrt{x_1^2 + x_2^2}$.

由引理 2.1, 则由下面方程:

$$\begin{aligned} \dot{x}_1 &= \cos(x_1^2 + x_2^2) \\ \dot{x}_2 &= \sin(x_1^2 + x_2^2) \end{aligned} \tag{2.1.25}$$

定义的任何控制曲线的两端都将延伸至无穷. 由此, 显然函数 $g_1(\boldsymbol{x})f_2(\boldsymbol{x}) - g_2(\boldsymbol{x})f_1(\boldsymbol{x})$ 在由方程 (2.1.25) 定义的任何控制曲线上变号. 因此, 系统 (2.1.23) 满足定理 2.1 的条件, 从而得出此系统是全局能控的. ■

最后, 我们介绍一个不能全局能控的例子.

例 2.3 考虑下面二维系统[17]:

$$\begin{aligned} \dot{x}_1 &= -\sin x_2 \cos x_2 + \sin x_2 \exp(-x_1)u \\ \dot{x}_2 &= \quad \sin^2 x_2 + \cos x_2 \exp(-x_1)u \end{aligned} \tag{2.1.26}$$

注意该系统存在一条控制曲线:

$$\begin{cases} x_1 = \ln t, \\ x_2 = \dfrac{\pi}{2}, \end{cases} \quad t > 0$$

以及在这条曲线上函数 $g_1(\boldsymbol{x})f_2(\boldsymbol{x}) - g_2(\boldsymbol{x})f_1(\boldsymbol{x}) = \dfrac{1}{t} > 0, \forall\, t > 0$, 即判据函数在该控制曲线上不改变符号. 因此根据定理 2.1 可知此系统不是全局能控的①. ■

2.2 控制向量场有唯一奇点

上一小节我们讨论了控制向量场没有奇点的情形. 而控制向量场有奇点的情形要复杂很多, 主要的麻烦在于有的控制曲线不再把平面分割为两部分. 此时在所有控制曲线 (除了退化了的平衡点) 上判据函数变号仅是全局能控的充分条件②, 不再是必要条件. 本节以控制向量场有唯一奇点的情形来进行探讨.

① 文献 [17] 证明了该系统是处处可局部线性化的, 但不能全局线性化. 因此就不能用传统的微分几何法来构造全局镇定的控制器. 其实该系统是不可能全局镇定的, 具体证明可见第 5 章例 5.2.

② 此时一般还要加上系统向量场在平衡点处不为零.

2.2.1 主控制曲线

考虑下面平面仿射非线性控制系统:

$$\begin{aligned}\dot{x}_1 &= f_1(x_1,x_2)+g_1(x_1,x_2)u(\cdot)\\ \dot{x}_2 &= f_2(x_1,x_2)+g_2(x_1,x_2)u(\cdot)\end{aligned} \tag{2.2.1}$$

其中, $f_i(x_1,x_2)$, $g_i(x_1,x_2)$, $i=1,2$ 是状态 $\boldsymbol{x}=(x_1,x_2)^{\mathrm{T}}\in\mathbb{R}^2$ 的局部 Lipschitz 函数, $u(\cdot)$ 是取实数值的控制输入函数. 令 $\boldsymbol{f}(\boldsymbol{x})=(f_1(x_1,x_2),f_2(x_1,x_2))^{\mathrm{T}}$, $\boldsymbol{g}(\boldsymbol{x})=(g_1(x_1,x_2),g_2(x_1,x_2))^{\mathrm{T}}$. 假设原点 $\mathbf{0}$ 是控制向量场 $\boldsymbol{g}(\boldsymbol{x})$ 的唯一平衡点, 即 $\boldsymbol{g}(\mathbf{0})=\mathbf{0}$ 且对任意 $\boldsymbol{x}\in\mathbb{R}^2\setminus\mathbf{0}$ 有 $\boldsymbol{g}(\boldsymbol{x})\neq\mathbf{0}$, 再设原点 $\mathbf{0}$ 是控制向量场 $\boldsymbol{g}(\boldsymbol{x})$ 的局部渐近稳定的平衡点①.

此情形我们也一样可以类似地定义控制曲线.

定义 2.3 系统 (2.2.1) 的**控制曲线**定义为如下微分方程组:

$$\begin{aligned}\dot{x}_1 &= g_1(x_1,x_2)\\ \dot{x}_2 &= g_2(x_1,x_2)\end{aligned} \tag{2.2.2}$$

在平面 $\mathbb{R}^2$ 上的解曲线 $(x_1(t),x_2(t))$.

令 $\varphi(t,\boldsymbol{x}^0)$ 为在时刻 $t=0$ 初始状态为 $\boldsymbol{x}^0$ 的控制曲线. 则由 Poincare-Bendixson 定理和 Jordan 曲线定理, 我们可以证明如果 $\varphi(t,\boldsymbol{x}^0)$ 不是周期轨, 则它的正/负半轨趋于平衡点, 或趋于无穷, 或盘旋趋近一个极限环. 由此下面我们定义主控制曲线.

定义 2.4 系统 (2.2.1) 的一条控制曲线称为**主控制曲线**, 如果它是闭轨线 (不包括平衡点) 或两端趋于无穷.

显然有在渐近稳定平衡点吸引域内的控制曲线都不是主控制曲线. 注意在吸引域外的控制曲线并不一定是主控制曲线, 比如两个套着的极限环所夹的圆环内部的控制曲线, 它的两端分别趋于这两个极限环. 主控制曲线就是刚好把平面分为两部分的控制曲线.

引理 2.5 (Riemann 映照定理)[18] 令 U 为平面上非全平面的单连通开集, 则 U 解析同胚于单位圆盘.

引理 2.6 令 $\mathfrak{D}$ 为 $\boldsymbol{g}(\boldsymbol{x})$ 平衡点的吸引域, 则 $\mathfrak{D}$ 是单连通的且同胚于 $\mathbb{R}^2$.

证明 如果 $\mathfrak{D}=\mathbb{R}^2$, 则结论显然成立. 下面讨论 $\mathfrak{D}\neq\mathbb{R}^2$ 的情形.

由常微分方程解的性质, 可知 $\mathfrak{D}$ 是开集, 连通集, 且由于 $\mathfrak{D}\neq\mathbb{R}^2$, 则它的边界由一些控制曲线组成. 在系统 (2.2.1) 的假设条件下, 下证 $\mathfrak{D}$ 的边界就是一条主控制曲线.

---

① 若无此条件, 将导致控制向量场在原点附近的轨线可能非常复杂.

令 $\boldsymbol{x}^0 \in \partial(\mathfrak{D})$, 其中 $\partial(\mathfrak{D})$ 表示 $\mathfrak{D}$ 的边界. 再令 $\boldsymbol{\varphi}(t,\boldsymbol{x}^0)$ 为在时刻 $t=0$ 初始状态为 $\boldsymbol{x}^0$ 的控制曲线. 如果 $\boldsymbol{\varphi}(t,\boldsymbol{x}^0)$ 不是一条闭轨线 (周期解), 则考虑其正半轨 $\boldsymbol{\varphi}(t,\boldsymbol{x}^0)$, $t \geqslant 0$. 如果当 $t \to +\infty$ 时 $\|\boldsymbol{\varphi}(t,\boldsymbol{x}^0)\|$ 不趋于无穷, 则存在一个点列 $t_k \to +\infty, k=1,2,3,\cdots$, 有 $\|\boldsymbol{\varphi}(t_k,\boldsymbol{x}^0)\|$ 有界. 于是至少有个聚点, 记为 $\boldsymbol{x}^* = \lim_{i\to+\infty}\boldsymbol{\varphi}(t_{k_i},\boldsymbol{x}^0)$, 其中 $\boldsymbol{\varphi}(t_{k_i},\boldsymbol{x}^0)$ 为子点列. 显然 $\boldsymbol{x}^* \neq \boldsymbol{0}$, 否则 $\boldsymbol{x}^0 \in \mathfrak{D}$. 然后由引理 2.1 中相同的方法可证明 $\boldsymbol{\varphi}(t,\boldsymbol{x}^0)$ 盘旋趋于一个周期解, 记为 Γ_0. 则有平衡点位于 Γ_0 的内部. 根据常微分方程解的唯一性, 有 $\mathfrak{D}$ 包含于 Γ_0 的内部.

如果 $\boldsymbol{x}^0$ 位于 Γ_0 的外部, 显然与 $\boldsymbol{x}^0$ 是 $\mathfrak{D}$ 的边界点矛盾.

如果 $\boldsymbol{x}^0$ 位于 Γ_0 的内部, 可利用 Poincare-Bendixson 定理的证明方法 (文献 [19]), 证明存在 $\boldsymbol{x}^0$ 的一个邻域, 使得从这个邻域出发的控制曲线都盘旋趋于 Γ_0. 这同样与 $\boldsymbol{x}^0$ 是 $\mathfrak{D}$ 的边界点矛盾.

对 $\boldsymbol{\varphi}(t,\boldsymbol{x}^0)$ 的负半轨做类似讨论, 可证明 $\boldsymbol{\varphi}(t,\boldsymbol{x}^0)$ 是两端趋于无穷的主控制曲线.

现证 $\mathfrak{D}$ 是单连通的. 否则 $\mathfrak{D}$ 内部有洞, 且从该洞内的点出发的轨线都不会趋于原点. 由上面的证明可知此洞的边界是一条闭控制曲线, 记为 C. 再由定理 1.18 知 C 内必有平衡点. 这与控制向量场有唯一平衡点矛盾. 因此 $\mathfrak{D}$ 是单连通的. 最后由 Riemann 映照定理有 $\mathfrak{D}$ 同胚于 $\mathbb{R}^2$. ■

注 2.3 在更一般情况和高维情况下, 引理 2.6 都是正确的, 只是证明更困难. 思路可以这样粗略理解: 因为是渐近稳定, 所以存在一个以原点为中心的小圆球, 在其球面上的点出发的正半轨都趋于原点. 于是从其球面上的点出发的所有负半轨加上这个小球就是吸引域. 这样从球面上一点出发的轨线对应一条从原点出发通过该点的射线. 由此可大致明白吸引域同胚于 $\mathbb{R}^n$, 所以是单连通的.

引理 2.7 对于系统 (2.2.1), 在其控制向量场吸引域 $\mathfrak{D}$ 外的控制曲线要么是主控制曲线, 要么它的正/负半轨盘旋趋于一个极限环.

证明 令 $\Gamma: \boldsymbol{\varphi}(t,\boldsymbol{x}^0)$, $t \geqslant 0$ 为系统 (2.2.1) 在 $\mathfrak{D}$ 外的一条控制曲线的正半轨. 若它不是主控制曲线, 则必有聚点. 然后用引理 2.1 和引理 2.6 中相同的方法可证明 $\boldsymbol{\varphi}(t,\boldsymbol{x}^0)$, $t \geqslant 0$ 盘旋趋于一个周期解 (极限环). 证毕. ■

2.2.2 全局能控性的判据

定理 2.3 对控制系统 (2.2.1), 令 $\boldsymbol{f}(\boldsymbol{0}) \neq \boldsymbol{0}$ 及 $\mathfrak{D}$ 为控制向量场 $\boldsymbol{g}(\boldsymbol{x})$ 平衡点 $\boldsymbol{0}$ 的吸引域. 则系统 (2.2.1) 是全局能控的当且仅当在 $\mathfrak{D}\setminus\boldsymbol{0}$ 内不存在两点 $\boldsymbol{x}^1, \boldsymbol{x}^2$ 使得

$$
\begin{aligned}
&g_1(\boldsymbol{\varphi}(t,\boldsymbol{x}^1))f_2(\boldsymbol{\varphi}(t,\boldsymbol{x}^1)) - g_2(\boldsymbol{\varphi}(t,\boldsymbol{x}^1))f_1(\boldsymbol{\varphi}(t,\boldsymbol{x}^1)) \geqslant 0 \quad \forall\, t \in T_1 \\
&g_1(\boldsymbol{\varphi}(t,\boldsymbol{x}^2))f_2(\boldsymbol{\varphi}(t,\boldsymbol{x}^2)) - g_2(\boldsymbol{\varphi}(t,\boldsymbol{x}^2))f_1(\boldsymbol{\varphi}(t,\boldsymbol{x}^2)) \leqslant 0 \quad \forall\, t \in T_2
\end{aligned}
\tag{2.2.3}
$$

且函数 $g_1(\boldsymbol{x})f_2(\boldsymbol{x})-g_2(\boldsymbol{x})f_1(\boldsymbol{x})$ 在每条主控制曲线上变号, 其中 $\varphi(t,\boldsymbol{x}^i)$ 表示过点 $\boldsymbol{x}^i$ 的控制曲线, T_i 表示 $\varphi(t,\boldsymbol{x}^i)$ 的存在区间, $i=1,2$.

特别地, 如果吸引域 $\mathfrak{D}$ 是有界的, 则系统 (2.2.1) 是全局能控的当且仅当函数 $g_1(\boldsymbol{x})f_2(\boldsymbol{x})-g_2(\boldsymbol{x})f_1(\boldsymbol{x})$ 在每条主控制曲线上变号.

我们同样把函数 $g_1(\boldsymbol{x})f_2(\boldsymbol{x})-g_2(\boldsymbol{x})f_1(\boldsymbol{x})$ 称为系统 (2.2.1) 的全局能控性的判据函数, 记为 $\mathcal{C}(\boldsymbol{x})$. 注意当 $-\boldsymbol{g}(\boldsymbol{x})$ 的平衡点 $\mathbf{0}$ 是局部渐近稳定时, 定理 2.3 也是正确的. 下面先对上述定理给一个直观的解释.

根据常微分方程解的存在唯一性, 相平面 $\mathbb{R}^2$ 被其上的控制曲线划分为一种叶状结构, 如图 2.16 所示. 其中 $\varGamma_i$ $(i=0,1,2,\cdots)$ 是系统 (2.2.1) 的主控制曲线, 而 γ_i $(i=1,2,3,\cdots)$ 是吸引域 $\mathfrak{D}$ 内的控制曲线, 它们的正方向趋于原点. 由 Jordan 曲线定理和拟 Jordan 曲线定理, 任意主控制曲线都把平面分为两个互不连通的部分.

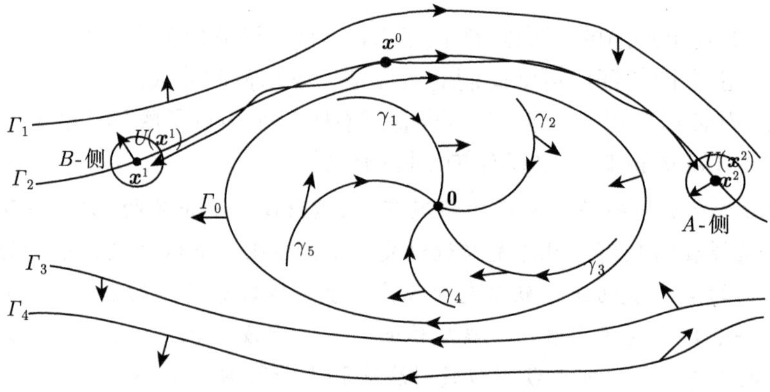

图 2.16　吸引域有界

如果判据函数 $\mathcal{C}(\boldsymbol{x})$ 在每条主控制曲线上变号, 比如在主控制曲线 $\varGamma_2$ 上存在两点 $\boldsymbol{x}^1$ 和 $\boldsymbol{x}^2$ 使得 $\mathcal{C}(\boldsymbol{x})$ 异号, 也就是说, 在任意控制 $u(\cdot)$ 下, 系统从点 $\boldsymbol{x}^1$ 和 $\boldsymbol{x}^2$ 出发的正半轨将分别进入 $\varGamma_2$ 的不同一侧 (图 2.16). 因此对点 $\boldsymbol{x}^1$, 存在它的一个邻域 $U(\boldsymbol{x}^1)$, 使得在任意控制下从 $U(\boldsymbol{x}^1)$ 中点出发的正半轨线都将进入 B-侧. 对点 $\boldsymbol{x}^2$ 也有类似结论.

在 $\varGamma_2$ 包含点 $\boldsymbol{x}^0$ 和 $\boldsymbol{x}^1$ 的管状邻域内, 令控制 $u(\cdot)\equiv k$ 充分大, 且使系统的控制向量场方向从 $\boldsymbol{x}^0$ 到 $\boldsymbol{x}^1$. 则在此控制下系统 (2.2.1) 以 $\boldsymbol{x}^0$ 为初值的正半轨将在有限时间内到达 $U(\boldsymbol{x}^1)$. 然后我们可以迫使轨线进入 $\varGamma_2$ 在 $U(\boldsymbol{x}^1)$ 内的 B-侧. 重复这个过程, 如果遇到周期轨控制曲线 $\varGamma_0$ (图 2.16), 由于在 $\varGamma_0$ 上判据函数变号, 于是控制系统的轨线可以进入吸引域. 又由于吸引域内的控制曲线的负半轨盘旋趋近 $\varGamma_0$, 因此判据函数在吸引域内的控制曲线上都是变号. 再由与前面 2.1 节类似的推理, 可知系统 (2.2.1) 是全局能控的.

现在来介绍条件 (2.2.3) 的几何意义. 如果控制向量场的吸引域 $\mathfrak{D}$ 是无界的, 如图 2.17 所示. 令 Γ_0 为 $\mathfrak{D}$ 的边界控制曲线, 则 Γ_0 两端延伸至无穷且吸引域 $\mathfrak{D}$ 位于 Γ_0 的一侧, 不妨设为 A-侧.

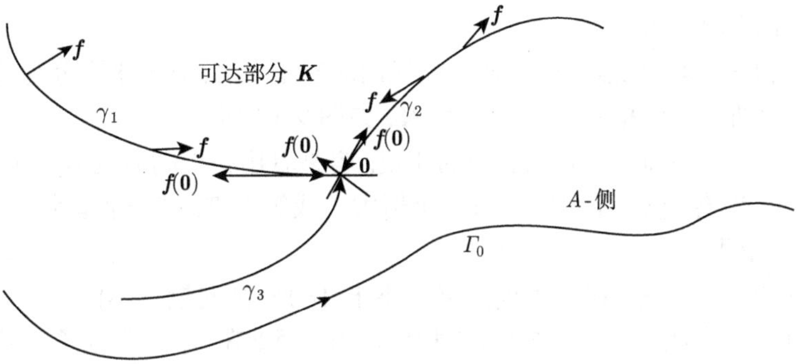

图 2.17 吸引域无界

条件 (2.2.3) 不成立, 也就是说以下几点成立.

(1) 在 $\mathfrak{D}$ 内存在两条控制曲线 γ_1 和 γ_2, 它们加上原点组成的曲线就可以把 $\mathfrak{D}$ 分为两部分.

(2) 在 γ_1 和 γ_2 上的系统向量场都指向或与控制向量场平行的部分为可达部分, 记为 $\boldsymbol{K}$, 如图 2.17 所示.

(3) 在式 (2.2.3) 成立的条件下, 在原点的系统向量 $\boldsymbol{f}(\boldsymbol{0})$ 一定指向 $\boldsymbol{K}$ 部分.

综合上述, 如果式 (2.2.3) 不成立, 则控制系统轨线在 $\mathfrak{D}$ 内可以像图 2.16 中转圈的方式到达所需要的目标点. 如果式 (2.2.3) 成立, 则从 $\boldsymbol{K}$ 部分中的点出发的轨线无法走到 $\boldsymbol{K}$ 外.

下面我们考虑一种控制向量场退化情形, 就是吸引域退化为只有一个点, 即原点. 这种情况下原点附近的轨线一般会非常复杂, 因此我们必须假设控制曲线满足一定的条件.

推论 2.1 假设 $\boldsymbol{f}(\boldsymbol{0}) \neq \boldsymbol{0}$ 及系统 (2.2.1) 的每一控制曲线 (平衡点除外) 都是主控制曲线. 则系统 (2.2.1) 是全局能控的当且仅当判据函数 $\mathcal{C}(\boldsymbol{x})$ 在每一条主控制曲线 (平衡点除外) 上变号.

下面给出定理 2.3 的证明.

证明 证明思路和方法总体上与 2.1 节类似. 这里分两种情况证明.

情形 1 $\mathfrak{D}$ 是无界的.

由引理 2.6 中的证明可知, 系统 (2.2.1) 在吸引域 $\mathfrak{D}$ 外的控制曲线都是两端趋于无穷的. 因此系统全局能控就必须要有判据函数在吸引域 $\mathfrak{D}$ 外的控制曲线上变号.

下面考虑吸引域 $\mathfrak{D}$ 内部的情况, 由于吸引域 $\mathfrak{D}$ 同胚于 $\mathbb{R}^2$, 因此我们可直接把吸引域 $\mathfrak{D}$ 看作 $\mathbb{R}^2$ 来处理. 下面分二种情形讨论.

情形 A 如图 2.17 所示, 控制曲线 γ_1 和 γ_2 各自补上原点是 C^1 光滑曲线, 即在原点处有单侧切线.

由 γ_1 和 γ_2 加上原点组成的连续曲线两端趋于无穷, 它把平面分为两部分, 向量场 $\boldsymbol{f}$ 在此曲线上所指向的部分记为 $\boldsymbol{K}$, 如图 2.17 所示.

如果 $\boldsymbol{f}(\mathbf{0})$ 的方向与图 2.17 中的相反, 容易看出在控制曲线 γ_1 和 γ_2 上, 判据函数 $\mathcal{C}(\boldsymbol{x})$ 都会变号, 不可能保持一个恒大于或等于零, 另一个恒小于或等于零. 于是与假设矛盾.

注意: 当 γ_1 和 γ_2 在原点处的夹角小于 180°, 则向量 $\boldsymbol{f}(\mathbf{0})$ 可与 γ_1 在原点的切线平行, 但在图 2.17 中方向应该指向左方 (否则在 γ_2 上判据函数 $\mathcal{C}(\boldsymbol{x})$ 会变号); 当 γ_1 和 γ_2 在原点处的夹角大于 180°, 则无此限制. 对 γ_2 讨论类似.

综上所述, $\boldsymbol{f}(\mathbf{0})$ 必须指向 $\boldsymbol{K}$ 的内部, 或与 $\boldsymbol{K}$ 的边缘平行, 但不能指向 $\boldsymbol{K}$ 的外部.

利用 2.1 节中的方法, 可以证明从 $\boldsymbol{K}$ 中点出发的轨线不能走到 $\boldsymbol{K}$ 外.

情形 B γ_1 或 γ_2 补上原点后在原点处没有切线.

不妨设 γ_2 在原点处没有切线. 由于系统向量场 $\boldsymbol{f}(\boldsymbol{x})$ 在原点处不为零, 故可假设在原点附近系统向量场的轨线近似一族平行直线段. 又因为要保证在 γ_2 上判据函数 $\mathcal{C}(\boldsymbol{x})$ 不变号, 故 γ_2 不能上下摆动 (这里假设系统向量场的轨线族是水平的), 只能水平摆动趋于原点, 如图 2.18 所示.

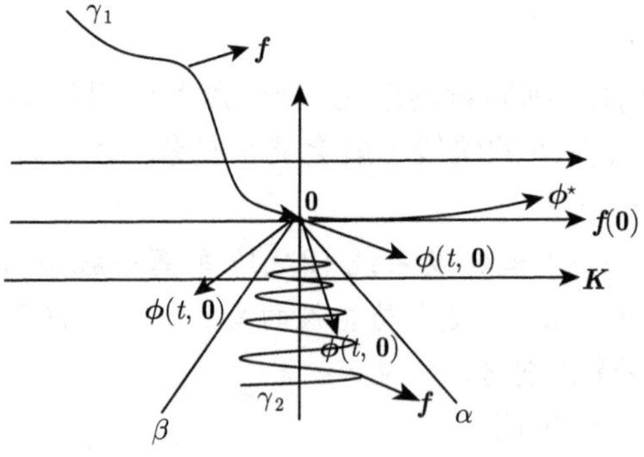

图 2.18 γ_2 在原点处无切线

假设 γ_2 夹在射线 L_1 和 L_2 之间. 显然系统在任意控制下从原点出发的轨线

不能进入 L_1 和 L_2 之间区域. 否则会破坏在 γ_2 上判据函数 $\mathcal{C}(\boldsymbol{x})$ 不变号的条件. 系统轨线也不能从图 2.18 中 $\boldsymbol{\phi}$ 指向的方向进入另一部分[①], 否则会破坏系统轨线在原点处的向量只能为 $\boldsymbol{f}(\mathbf{0})$ 的条件. 这是因为 $\boldsymbol{g}(\mathbf{0})=\mathbf{0}$, 故在任意控制下, 系统轨线在原点处的向量只能是 $\boldsymbol{f}(\mathbf{0})$. 因此系统轨线只能由图 2.18 的 $\boldsymbol{\phi}^{\star}$ 方向进入区域 $\boldsymbol{K}$.

情形 2 $\mathfrak{D}$ 是有界的.

因为 $\mathfrak{D}$ 是有界的, 故 $\mathfrak{D}$ 内控制曲线的负半轨都旋转趋于 $\mathfrak{D}$ 的边界主控制曲线 Γ_0. 如果判据函数 $\mathcal{C}(\boldsymbol{x})$ 在 Γ_0 上变号, 则在 $\mathfrak{D}$ 内所有控制曲线上也变号. 这样我们只需要判别 $\mathcal{C}(\boldsymbol{x})$ 在 Γ_0 上是否变号即可. 在 $\mathfrak{D}$ 外控制曲线要么为主控制曲线, 要么一端旋转趋于某一闭曲线形式的主控制曲线. 因此需要判断 $\mathcal{C}(\boldsymbol{x})$ 在此闭曲线形式的主控制曲线上是否变号即可.

综上所述, 定理 2.3 证毕. ■

例 2.4 考虑下面二阶系统:

$$\begin{aligned}\dot{x}_1&=1+[x_1-x_2-x_1(x_1^2+x_2^2)]u\\ \dot{x}_2&=1+[x_1+x_2-x_2(x_1^2+x_2^2)]u\end{aligned}\tag{2.2.4}$$

把系统 (2.2.4) 控制曲线方程化为极坐标表示:

$$\begin{aligned}\dot{r}&=r(1-r^2)\\ \dot{\theta}&=1\end{aligned}\tag{2.2.5}$$

其中, $x_1=r\cos\theta,\ x_2=r\sin\theta$.

由方程 (2.2.5) 易知 $r=1$ 是稳定的周期轨. 除了上述单位圆和原点 $\mathbf{0}$ 外, 系统其他的控制曲线正半轨都盘旋趋于单位圆 $r=1$, 即单位圆 $r=1$ 是系统 (2.2.4) 唯一的主控制曲线. 因此只需要判断判据函数 $\mathcal{C}(\boldsymbol{x})$ 在单位圆上是否变号即可. 显然有

$$\begin{aligned}\mathcal{C}(\boldsymbol{x})&=[x_1+x_2-x_2(x_1^2+x_2^2)]-[x_1-x_2-x_1(x_1^2+x_2^2)]\\ &=2x_2+(x_1-x_2)(x_1^2+x_2^2)\end{aligned}\tag{2.2.6}$$

因此判据函数在单位圆上的值为

$$\cos\theta+\sin\theta=\sqrt{2}\sin\left(\theta+\frac{\pi}{4}\right),\quad \theta\in\mathbb{R}$$

显然它在单位圆上变号. 根据定理 2.3, 系统 (2.2.4) 是全局能控的. ■

① 图中有三个 $\boldsymbol{\phi}$, 也就是说系统在任意控制下轨线都不能从那些 $\boldsymbol{\phi}$ 所指的方向走.

例 2.5 考虑下面二阶常微分方程:

$$\begin{aligned} \dot{x}_1 &= y - x^2 \\ \dot{x}_2 &= -x - xy \end{aligned} \tag{2.2.7}$$

此方程有唯一的平衡点 (0,0). 它也被称为同步系统, 参见文献 [20], 即在相空间上存在一个区域, 在此区域上的轨线都是闭轨线, 且周期相同.

注意到 $\dfrac{\mathrm{d}}{\mathrm{d}t}\left(\dfrac{x}{y}\right) = 1 + \left(\dfrac{x}{y}\right)^2$, 于是可以得到系统 (2.2.7) 的显式解:

$$\begin{cases} x(t) = \dfrac{\sin(t+\delta)}{C - \cos(t+\delta)} \\ y(t) = \dfrac{\cos(t+\delta)}{C - \cos(t+\delta)} \end{cases}$$

其中, C 为常数.

显然当 $|C| > 1$ 时都是周期解, 且周期均为 2π.

当 $\pm C$ 时表示的其实是同一条曲线. 因为 C 对应曲线 $\begin{cases} x(t) = \dfrac{\sin(t+\delta)}{C - \cos(t+\delta)} \\ y(t) = \dfrac{\cos(t+\delta)}{C - \cos(t+\delta)} \end{cases}$

做一个平移 $\tau = t - \pi$, 即可化为 $-C$ 时对应曲线的 $\begin{cases} x(\tau) = \dfrac{-\sin(\tau+\delta)}{C + \cos(\tau+\delta)} \\ y(\tau) = \dfrac{-\cos(\tau+\delta)}{C + \cos(\tau+\delta)} \end{cases}$.

当 $|C| < 1$ 时, 每个常数 C 对应两条不相连的轨线, 且轨线两端都趋于无穷. $C = \pm 1$ 时, 对应一条两端都趋于无穷的轨线.

综上, 此系统在一部分区域上全是周期轨, 在另外一部分区域上的轨线两端都趋于无穷. 这说明了对于推论 2.1 中的控制曲线, 确实存在非平凡情形①, 也就是控制曲线虽然全是主控制曲线, 但部分同胚于圆, 另一部分同胚于直线. ■

2.3 非仿射情形

此小节我们考虑如下单输入非仿射平面非线性系统:

$$\begin{aligned} \dot{x}_1 &= f_1(x_1, x_2, u) \\ \dot{x}_2 &= f_2(x_1, x_2, u) \end{aligned} \tag{2.3.1}$$

① 平凡情形是指像平面线性系统的中心奇点那样, 所有非零轨线都同胚于圆.

其中, $f_i(x_1,x_2,u), i=1,2$ 是状态 $\boldsymbol{x}=(x_1,x_2)^{\mathrm{T}}\in\mathbb{R}^2$ 和控制输入 u 的光滑函数.

由前面两节思路和方法, 我们可以定义平面系统 (2.3.1) 的**控制分离曲线**, 它满足: ① 与圆或直线同胚, 也就是可以把平面分为两部分; ② 分段光滑; ③ 在该曲线上对任意控制 u, 向量 $(f_1(x_1,x_2,u),f_2(x_1,x_2,u))$ 都指向该曲线的一侧或与该曲线相切 (在尖点上可以单向相切). 于是我们可知如果系统 (2.3.1) 存在控制分离曲线, 则系统 (2.3.1) 非全局能控; 反之亦然. 现在我们需要知道哪些曲线是控制分离曲线, 或可能的控制分离曲线? 对平面仿射非线性系统, 由前两节可知, 可能的控制分离曲线是控制曲线或多条控制曲线组成的曲线; 然而对平面非仿射系统, 可能的控制分离曲线则不清楚, 因为它与 $f_i(x_1,x_2,u)$ 具体表达方式密切相关. 比如, 考虑下面系统:

$$\begin{aligned}\dot{x}_1&=\cos u\\ \dot{x}_2&=\sin u\end{aligned}\tag{2.3.2}$$

显然在任意点 $\boldsymbol{x}_0\in\mathbb{R}^2$ 上, 向量 $(\cos u,\sin u)$ 可以指向任意方向, 故系统 (2.3.2) 不存在控制分离曲线. 于是系统 (2.3.2) 是全局能控的. 再如下面系统:

$$\begin{aligned}\dot{x}_1&=\cos^2 u\\ \dot{x}_2&=\sin^2 u\end{aligned}\tag{2.3.3}$$

容易确定系统 (2.3.3) 非全局能控, 因为分量 x_1 和 x_2 都不能减少. 不难发现系统 (2.3.3) 过任意一点的控制分离曲线有很多.

基于上面理由, 下面我们考虑更具体的带扰动项的平面仿射非线性系统:

$$\begin{aligned}\dot{x}_1&=f_1(x_1,x_2)+g_1(x_1,x_2)u+h_1(x_1,x_2,u)\\ \dot{x}_2&=f_2(x_1,x_2)+g_2(x_1,x_2)u+h_2(x_1,x_2,u)\end{aligned}\tag{2.3.4}$$

其中, $f_i(x_1,x_2), g_i(x_1,x_2), h_i(x_1,x_2,u)$ 满足局部 Lipschitz 条件, 且 $h_i(x_1,x_2,0)\equiv 0$, 控制输入 $u(\cdot)$ 取实值的右连续函数. 令 $\boldsymbol{f}(\boldsymbol{x})=(f_1(x_1,x_2),f_2(x_1,x_2))^{\mathrm{T}}$, $\boldsymbol{g}(\boldsymbol{x})=(g_1(x_1,x_2),\ g_2(x_1,x_2))^{\mathrm{T}}$. 再假定 $\boldsymbol{g}(\boldsymbol{x})$ 非奇异, 即 $\boldsymbol{g}(\boldsymbol{x})\neq 0, \forall\,\boldsymbol{x}=(x_1,x_2)^{\mathrm{T}}\in\mathbb{R}^2$. 最后再假设存在状态 $\boldsymbol{x}$ 的连续函数 $M(\boldsymbol{x})$ 使得 $\|\boldsymbol{h}(\boldsymbol{x},u)\|\leqslant M(\boldsymbol{x})|u|^{\alpha}$, 其中 $\boldsymbol{h}(\boldsymbol{x},u)=(h_1(x_1,x_2,u),h_2(x_1,x_2,u))^{\mathrm{T}}, 0\leqslant\alpha<1$.

定理 2.4 系统 (2.3.4) 是全局能控的, 如果它对应的仿射非线性系统:

$$\begin{aligned}\dot{x}_1&=f_1(x_1,x_2)+g_1(x_1,x_2)u\\ \dot{x}_2&=f_2(x_1,x_2)+g_2(x_1,x_2)u\end{aligned}\tag{2.3.5}$$

是全局能控的.

此定理的证明与定理 2.1 非常类似. 下面只给出一个类似引理的证明, 剩下的证明省略.

引理 2.8　令 $\boldsymbol{x}^1$, $\boldsymbol{x}^2 \in \mathbb{R}^2$ 为位于系统 (2.3.5) 的同一条控制曲线上的两个不同的点. 则对以 $\boldsymbol{x}^2$ 为中心及以任意 $\epsilon > 0$ 为半径的小圆 $U(\boldsymbol{x}^2, \epsilon)$, 存在控制函数 $u_1(\boldsymbol{x})$ 使得系统 (2.3.4) 从 $\boldsymbol{x}^1$ 出发的正半轨在某个有限时刻 $T_1 > 0$ 到达集合 $U(\boldsymbol{x}^2, \epsilon)$, 也存在另一控制函数 $u_2(\boldsymbol{x})$ 使得系统 (2.3.4) 从 $\boldsymbol{x}^1$ 出发的负半轨在某个有限时刻 $T_2 < 0$ 到达集合 $U(\boldsymbol{x}^2, \epsilon)$.

证明　我们只证明引理的前半部分, 即关于正半轨部分. 负半轨部分证明类似.

由于 $\boldsymbol{x}^1$ 和 $\boldsymbol{x}^2$ 位于同一条控制曲线 Γ 上, 可知方程 $\dot{\boldsymbol{x}} = \boldsymbol{g}(\boldsymbol{x})$ 或方程 $\dot{\boldsymbol{x}} = -\boldsymbol{g}(\boldsymbol{x})$ 从 $\boldsymbol{x}^1$ 出发的正半轨将会到达 $\boldsymbol{x}^2$. 不失一般性, 我们假设 $\dot{\boldsymbol{x}} = \boldsymbol{g}(\boldsymbol{x})$ 满足 $\boldsymbol{\varphi}(0) = \boldsymbol{x}^1$, $\boldsymbol{\varphi}(T) = \boldsymbol{x}^2$, 其中 $T > 0$, $\boldsymbol{\varphi}(t)$ 是 $\dot{\boldsymbol{x}} = \boldsymbol{g}(\boldsymbol{x})$ 的正半轨. 令 D 为平面上一个足够大的圆盘, 它需要包括轨线 $\boldsymbol{\varphi}(t)$ 在区间 $0 \leqslant t \leqslant T$ 内的部分. 因此 $\|\boldsymbol{f}(\boldsymbol{x})\|$ 和 $\|M(\boldsymbol{x})\|$ 在圆盘 D 上是有界的, 即存在数 $N > 0$ 使得 $\|\boldsymbol{f}(\boldsymbol{x})\| \leqslant N, \|M(\boldsymbol{x})\| \leqslant N, \forall\, \boldsymbol{x} \in D$. 由于 D 的闭包是紧集, 故 $\boldsymbol{g}(\boldsymbol{x})$ 在圆盘 D 上满足全局 Lipschitz 条件, 即存在数 $L > 0$ 使得对 D 内的任意两点 $\boldsymbol{y}^1$ 和 $\boldsymbol{y}^2$ 有 $\|\boldsymbol{g}(\boldsymbol{y}^1) - \boldsymbol{g}(\boldsymbol{y}^2)\| \leqslant L\|\boldsymbol{y}^1 - \boldsymbol{y}^2\|$.

令 $\boldsymbol{\psi}(t)$ 为系统 $\dot{\boldsymbol{x}} = \dfrac{\boldsymbol{f}(\boldsymbol{x})}{K} + \boldsymbol{g}(\boldsymbol{x}) + \dfrac{\boldsymbol{h}(\boldsymbol{x}, K)}{K}$ 从点 $\boldsymbol{x}^1$ 出发的正半轨, 其中 K 为一个足够大的正数. 我们考虑 $\boldsymbol{\psi}(t)$ 在圆盘 D 内的部分, 有

$$\boldsymbol{\varphi}(t) = \boldsymbol{x}^1 + \int_0^t \boldsymbol{g}(\boldsymbol{\varphi}(s))\mathrm{d}s$$

$$\boldsymbol{\psi}(t) = \boldsymbol{x}^1 + \int_0^t \left[\frac{\boldsymbol{f}(\boldsymbol{\psi}(s))}{K} + \boldsymbol{g}(\boldsymbol{\psi}(s)) + \frac{\boldsymbol{h}((\boldsymbol{\psi}(s), K))}{K}\right]\mathrm{d}s$$

于是有

$$\|\boldsymbol{\varphi}(t) - \boldsymbol{\psi}(t)\| \leqslant \frac{N}{K}t + \frac{N}{K^{1-\alpha}}t + L\int_0^t \|\boldsymbol{\varphi}(s) - \boldsymbol{\psi}(s)\|\mathrm{d}s$$

由 Gronwall 不等式, 我们有

$$\|\boldsymbol{\varphi}(t) - \boldsymbol{\psi}(t)\| \leqslant \left(\frac{N}{LK} + \frac{N}{LK^{1-\alpha}}\right)[\exp(Lt) - 1]$$

显然只要 K 足够大, 有

$$\|\boldsymbol{\varphi}(t) - \boldsymbol{\psi}(t)\| \leqslant \epsilon, \quad \forall\, t \in [0, T]$$

由此, $\boldsymbol{\psi}(t)$ 在时刻 T 到达点 $\boldsymbol{x}^2$ 的邻域 $U(\boldsymbol{x}^2,\epsilon)$ 内的某一点.

最后我们注意到

$$\frac{\mathrm{d}\boldsymbol{\psi}(Kt)}{\mathrm{d}t}=\boldsymbol{f}(\boldsymbol{\psi}(Kt))+\boldsymbol{g}(\boldsymbol{\psi}(Kt))K+\boldsymbol{h}(\boldsymbol{\psi}(Kt),K)$$

这样就有 $\boldsymbol{\psi}(Kt),t>0$ 是系统 $\dot{\boldsymbol{x}}=\boldsymbol{f}(\boldsymbol{x})+\boldsymbol{g}(\boldsymbol{x})K+\boldsymbol{h}(\boldsymbol{x},K)$ 的正半轨, 且在时刻 $\frac{T}{K}$ 到达邻域 $U(\boldsymbol{x}^2,\epsilon)$ 内. 因此 $u_1(\boldsymbol{x})=K$ 就是我们所需的控制. 引理 2.8 证明完毕. ■

例 2.6 考虑下面平面系统 [21]:

$$\begin{aligned}\dot{x}_1&=x_1+x_2^3+x_2^3\sin^2 u\\ \dot{x}_2&=u\end{aligned}\tag{2.3.6}$$

显然对应的平面仿射非线性系统:

$$\begin{aligned}\dot{x}_1&=x_1+x_2^3\\ \dot{x}_2&=u\end{aligned}$$

是全局能控的. 由定理 (2.4) 可知系统 (2.3.6) 也是全局能控的. ■

第 3 章 非线性系统的全局能控性 II: 高维系统

3.1 余维 1 的高维系统

3.1.1 控制超曲面

要把第 2 章结果推广到高维系统, 那容易考虑到的是余维 1 的高维系统, 即如下有 $n-1$ 个控制的仿射非线性系统:

$$\dot{\boldsymbol{x}} = \boldsymbol{f}(\boldsymbol{x}) + \sum_{i=1}^{n-1} \boldsymbol{g}_i(\boldsymbol{x}) u_i(\cdot), \quad \boldsymbol{x} \in \mathbb{R}^n \tag{3.1.1}$$

其中, $u_i(\cdot)$ 是控制输入, $\boldsymbol{x}$ 是状态, 系统向量场 $\boldsymbol{f}$ 和控制向量场 $\boldsymbol{g}_i$ 具有足够的光滑性.

自然地, 可与第 2 章类似地假定对于任意 $\boldsymbol{x} \in \mathbb{R}^n$ 有 $\boldsymbol{g}_i \neq \boldsymbol{0}$, $i = 1, 2, \cdots, n-1$. 我们可进一步假定 $\boldsymbol{g}_i$, $i = 1, 2, \cdots, n-1$ 张成非奇异分布 $\Delta = \mathrm{span}\{\boldsymbol{g}_1, \boldsymbol{g}_2, \cdots, \boldsymbol{g}_{n-1}\}$. 根据 Frobenius 定理 1.8 可知, 如果 Δ 是对合的, 则经过任意一点 $\boldsymbol{x}_0$, 分布 Δ 在局部上有一个可积的超曲面. 这个超曲面的边界可以无限延拓, 因而可以延拓成一个极大超曲面, 我们可称之为极大控制超曲面, 简称控制超曲面. 如果每个极大控制超曲面都把空间 $\mathbb{R}^n$ 分为两部分, 则自然可以给出如下猜想.

猜想 A 在上面的假设条件下, 系统 (3.1.1) 全局能控的充要条件为

$$\det(\boldsymbol{f}, \boldsymbol{g}_1, \boldsymbol{g}_2, \cdots, \boldsymbol{g}_{n-1})$$

在每一个极大控制超曲面上变号.

很遗憾, 虽然在平面上控制曲线可以把平面分为两部分, 但在高维空间中极大控制超曲面却未必恰好能把 $\mathbb{R}^n$ 分为两部分. 反例如下.

我们考虑在三维空间 $\mathbb{R}^3$ 中寻找非奇异对合分布 $\Delta = \{\boldsymbol{g}_1(\boldsymbol{x}), \boldsymbol{g}_2(\boldsymbol{x})\}$, 使得它们生成的控制曲面不能把 $\mathbb{R}^3$ 分为两部分.

由 Frobenius 定理 1.8 可知, 构造一个非奇异对合分布 $\Delta = \{\boldsymbol{g}_1(\boldsymbol{x}), \boldsymbol{g}_2(\boldsymbol{x})\}$ 等价于构造一族光滑曲面, 这些曲面把 $\mathbb{R}^3$ 分解为叶状结构.

下面我们构造可分空间 $\mathbb{R}^3$ 为叶状结构的光滑曲面族.

第 1 步 考虑 $\mathbb{R}^2 \to \mathbb{R}$ 的函数 $h: h(x,y) = (x^2-1)e^y$. 显然对任意 $(x,y) \in \mathbb{R}^2$ 有 $(h'_x, h'_y) = (2xe^y, (x^2-1)e^y) \neq (0,0)$. 因此水平曲线 $h(x,y) = (x^2-1)e^y = c$ 把平面 $\mathbb{R}^2$ 分解为叶层结构. 此处我们只考虑如图 3.1 中的带状区域 $[-1,1] \times \mathbb{R}$.

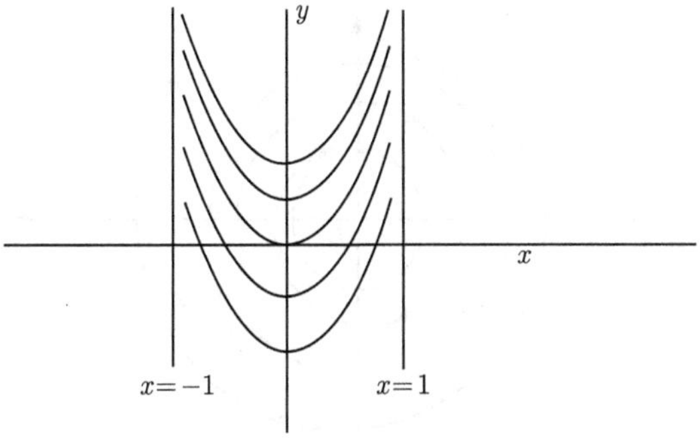

图 3.1 区域 $[-1,1] \times \mathbb{R}$ 被水平曲线族 $(x^2-1)e^y = c(c \leqslant 0)$ 分解为叶状结构

第 2 步 绕 y-轴旋转图 3.1 中的曲线得到一族把区域 $D_1 \times \mathbb{R}$ 分解为叶层结构的曲面 (图 3.2), 其中 $D_1 = \{(x,y) | x^2 + y^2 \leqslant 1\}$.

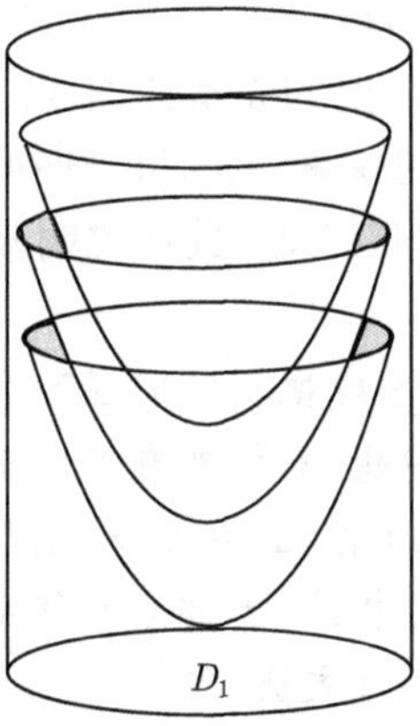

图 3.2 区域 $D_1 \times \mathbb{R}$ 被水平曲面 $(r^2-1)e^z = c \ (c \leqslant 0, r = \sqrt{x^2+y^2})$ 分解为叶层结构

第 3 步 令一常微分方程的极坐标表示为

$$\begin{aligned} \frac{\mathrm{d}r^2}{\mathrm{d}t} &= (r^2-4)(r^2-1)r^2 \\ \frac{\mathrm{d}\theta}{\mathrm{d}t} &= 1 \end{aligned} \tag{3.1.2}$$

其中, $r = \sqrt{x^2+y^2}$, $\theta = \arctan\dfrac{y}{x}$.

现在我们考虑 D_1 的余集 $\overline{D}_1$. 显然方程 (3.1.2) 定义的曲线把 $\overline{D}_1$ 分解为叶层结构. 令 A 表示圆环 $\{r|1 < r < 2\}$. 我们知道圆环 A 中系统 (3.1.2) 的轨线 Γ 分离相空间 $\mathbb{R}^2$ 为三部分: $\{r|r \leqslant 1\}$, $\{r|r \geqslant 2\}$ 和 $A \setminus \Gamma$, 如图 3.3 所示.

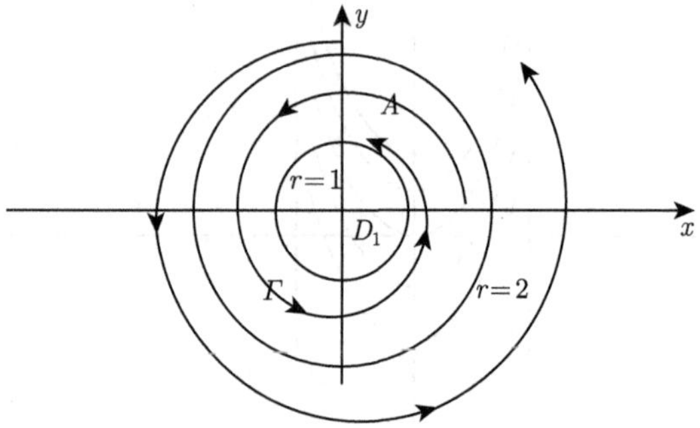

图 3.3 常微分方程 (3.1.2) 定义的曲线

第 4 步 我们在区域 $\overline{D}_1 \times \mathbb{R}$ 上构造一族柱状曲面使得每一柱状曲面在 x-y 平面上的投影为方程 (3.1.2) 所定义的曲线.

第 5 步 把第 2 步构造出的具有叶层结构的柱形放入区域 $D_1 \times \mathbb{R}$ 内.

由此我们已经构造出来所需要的光滑曲面族. 显然相空间 $\mathbb{R}^3$ 可由上面的曲面族分解为叶层结构. 然而在 $A \times \mathbb{R}$ 上的每一曲面 S 把 $\mathbb{R}^3$ 分为三部分: $\{r|r \leqslant 1\} \times \mathbb{R}$, $\{r|r \geqslant 2\} \times \mathbb{R}$ 和 $\{A \times \mathbb{R}\} \setminus S$. 此例说明极大控制超曲面恰好把 $\mathbb{R}^n$ 分为两部分一般不能成立.

注 3.1 虽然控制超曲面恰好把相空间 $\mathbb{R}^n$ 分为两部分一般是不正确的, 但上面例子并没有否定猜想 A, 猜想 A 仍然有可能正确. 另外, 上面假设分布 $\Delta = \text{span}\{\boldsymbol{g}_1, \boldsymbol{g}_2, \cdots, \boldsymbol{g}_{n-1}\}$ 对合. 如果 Δ 不对合, 则能控性可能更好, 因为系统轨线可能走的路径更多, 可参见文献 [22]. 大部分高维系统都是非对合系统. 非对合系统也称不可积系统、非完整系统 (文献 [23]).

3.1.2 余维 1 之常控制向量系统

对一般的余维 1 仿射非线性控制系统猜想 A 难以证明, 因此下面考虑一类特殊的余维 1 控制系统——余维 1 之常控制向量系统:

$$\dot{\boldsymbol{x}} = \boldsymbol{f}(\boldsymbol{x}) + \boldsymbol{b}_1 u_1 + \boldsymbol{b}_2 u_2 + \cdots + \boldsymbol{b}_{n-1} u_{n-1} \tag{3.1.3}$$

其中, $\boldsymbol{f}(\boldsymbol{x}) \in \text{Lip}(\mathbb{R}^n)$, 状态 $\boldsymbol{x} \in \mathbb{R}^n$, $\boldsymbol{b}_i, i = 1, 2, \cdots, n-1$ 是常值控制向量且是线性无关的, $\boldsymbol{u} = (u_1, u_2, \cdots, u_{n-1})^{\mathrm{T}}$ 是控制向量.

由于 $\boldsymbol{b}_i, i=1,2,\cdots,n-1$ 是线性无关的, 因此存在一个非零向量 $\boldsymbol{c}$ 使得

$$\langle \boldsymbol{c}, \boldsymbol{b}_i \rangle = 0, \quad i=1,2,\cdots,n-1$$

其中, $\langle \cdot,\cdot \rangle$ 表示两个向量的内积. 于是令过任一点 $\boldsymbol{x}^0$ 的超平面:

$$\langle \boldsymbol{x}-\boldsymbol{x}^0, \boldsymbol{c} \rangle = 0, \quad \boldsymbol{x} \in \mathbb{R}^n \tag{3.1.4}$$

为系统 (3.1.3) 的**控制超平面**.

定理 3.1 系统 (3.1.3) 全局能控的充分必要条件是在系统的每一个控制超平面上, 判据函数 $\det(\boldsymbol{f}(\boldsymbol{x}), \boldsymbol{b}_1, \boldsymbol{b}_2, \cdots, \boldsymbol{b}_{n-1})$ 变号.

此定理的证明比较简单, 且方法与第 2 章平面情形非常类似, 故从略.

例 3.1 考虑永磁同步电机模型[24]:

$$\begin{aligned} L_d \frac{\mathrm{d}i_d}{\mathrm{d}t} &= -R_s i_d + n_p \omega L_q i_q + u_d \\ L_q \frac{\mathrm{d}i_q}{\mathrm{d}t} &= -R_s i_q - n_p \omega L_d i_d - n_p \omega \varPhi + u_q \\ J \frac{\mathrm{d}\omega}{\mathrm{d}t} &= \frac{3}{2} n_p [(L_d - L_q) i_d i_q + \varPhi i_q] - \tau_L \end{aligned} \tag{3.1.5}$$

其中, i_d 和 i_q 是 d-q 轴方向电流, ω 是转子角速度, u_d 和 u_q 是 d-q 轴电压, R_s 是定子电阻, L_d 和 L_q 是 d-q 轴定子电感, n_p 是电机极对数, $\varPhi$ 是永磁磁链, J 是转子转动惯量, τ_L 是负载力矩.

这里把 u_d 和 u_q 作为控制项, 于是系统全局能控性的判据函数 $\mathcal{C}(\boldsymbol{x})$ 为

$$\det(\boldsymbol{f}(\boldsymbol{x}), \boldsymbol{b}_1, \boldsymbol{b}_2) = \frac{\frac{3}{2} n_p [(L_d - L_q) i_d i_q + \varPhi i_q] - \tau_L}{J}$$

因为上面的参数都是正数, 容易知道 $\mathcal{C}(\boldsymbol{x})$ 在每一控制平面 $\omega = c$ 上变号. 因此系统 (3.1.5) 是全局能控的. ■

3.2 单输入的高维系统

3.2.1 二维子系统与三角形结构

本节主要考虑具有二维子系统和三角形结构的 n 维仿射非线性控制系统 ($n \geqslant 3$):

$$
\begin{aligned}
\dot{x}_1 &= f_1(x_1, x_2) + g_1(x_1, x_2)x_3 \\
\dot{x}_2 &= f_2(x_1, x_2) + g_2(x_1, x_2)x_3 \\
\dot{x}_3 &= f_3(x_1, x_2, x_3) + g_3(x_1, x_2, x_3)x_4 \\
&\vdots \\
\dot{x}_i &= f_i(x_1, x_2, x_3, \cdots, x_i) + g_i(x_1, x_2, x_3, \cdots, x_i)x_{i+1} \\
&\vdots \\
\dot{x}_n &= f_n(x_1, x_2, x_3, \cdots, x_n) + g_n(x_1, x_2, x_3, \cdots, x_n)u(\cdot)
\end{aligned} \tag{3.2.1}
$$

其中, $f_i, g_i \in \mathrm{C}^{n-2}(\mathbb{R}^n)$①, $i = 1, 2, \cdots, n$, 平面向量场 $(g_1(x_1, x_2), g_2(x_1, x_2))^{\mathrm{T}}$ 是非奇异的, 即在平面上没有零点, 又对任意 $(x_1, x_2, \cdots, x_i)^{\mathrm{T}} \in \mathbb{R}^i$ 有 $g_i(x_1, x_2, \cdots, x_i) \neq 0$, $i = 3, \cdots, n$, $u(\cdot)$ 是控制输入函数.

我们称下面系统:

$$
\begin{aligned}
\dot{x}_1 &= f_1(x_1, x_2) + g_1(x_1, x_2)v(\cdot) \\
\dot{x}_2 &= f_2(x_1, x_2) + g_2(x_1, x_2)v(\cdot)
\end{aligned} \tag{3.2.2}
$$

为系统 (3.2.1) 对应的平面子系统, 其中 $v(\cdot)$ 为控制.

本小节研究的关键思想是利用系统的三角形结构及系统与其子系统的关系.

引理 3.1 系统 (3.2.1) 是全局能控的, 当且仅当下面系统:

$$
\begin{aligned}
\dot{y}_1 &= f_1(y_1, y_2) + g_1(y_1, y_2)y_3 \\
\dot{y}_2 &= f_2(y_1, y_2) + g_2(y_1, y_2)y_3 \\
\dot{y}_3 &= y_4 \\
&\vdots \\
\dot{y}_i &= y_{i+1} \\
&\vdots \\
\dot{y}_n &= w(\cdot)
\end{aligned} \tag{3.2.3}
$$

是全局能控的, 其中 $w(\cdot)$ 是控制.

① 这里的光滑性假设是技术性的, 用来简化证明, 不是实质性的要求.

证明 做全局微分同胚变换 $\boldsymbol{\Phi}:(x_1,x_2,\cdots,x_n)^{\mathrm{T}}\to(y_1,y_2,\cdots,y_n)^{\mathrm{T}}$ 为

$$
\begin{aligned}
y_1&=x_1\\
y_2&=x_2\\
y_3&=x_3\\
y_4&=f_3+g_3x_4\\
y_5&=\dot{y}_4=(\mathrm{d}f_3+x_4\mathrm{d}g_3)(\dot{x}_1,\dot{x}_2,\dot{x}_3)^{\mathrm{T}}+g_3f_4+g_3g_4x_5=F_4+G_4x_5\\
&\vdots\\
y_i&=\dot{y}_{i-1}=(\mathrm{d}F_{i-2}+x_{i-1}\mathrm{d}G_{i-2})(\dot{x}_1,\dot{x}_2,\dot{x}_3,\cdots,\dot{x}_{i-2})^{\mathrm{T}}+G_{i-2}f_{i-1}\\
&\quad+G_{i-2}g_{i-1}x_i=F_{i-1}+G_{i-1}x_i\\
&\vdots\\
y_n&=\dot{y}_{n-1}=(\mathrm{d}F_{n-2}+x_{n-1}\mathrm{d}G_{n-2})(\dot{x}_1,\dot{x}_2,\dot{x}_3,\cdots,\dot{x}_{n-2})^{\mathrm{T}}+G_{n-2}f_{n-1}\\
&\quad+G_{n-2}g_{n-1}x_n=F_{n-1}+G_{n-1}x_n
\end{aligned}
\tag{3.2.4}
$$

其中, $\mathrm{d}F_i=\left(\dfrac{\partial F_i}{\partial x_1},\dfrac{\partial F_i}{\partial x_2},\cdots,\dfrac{\partial F_i}{\partial x_i}\right)$, $\mathrm{d}G_i=\left(\dfrac{\partial G_i}{\partial x_1},\dfrac{\partial G_i}{\partial x_2},\cdots,\dfrac{\partial G_i}{\partial x_i}\right)$

$$
F_{i+1}(x_1,x_2,\cdots,x_{i+1})=(\mathrm{d}F_i+x_{i+1}\mathrm{d}G_i)(\dot{x}_1,\dot{x}_2,\cdots,\dot{x}_i)^{\mathrm{T}}+G_if_{i+1}
$$

$$
G_{i+1}(x_1,x_2,\cdots,x_{i+1})=G_ig_{i+1},F_3=f_3,G_3=g_3,i=3,4,\cdots,n-1
$$

容易验证 $\boldsymbol{\Phi}$ 是全局微分同胚变换. 又有

$$
\begin{aligned}
\dot{y}_1&=f_1(y_1,y_2)+g_1(y_1,y_2)y_3\\
\dot{y}_2&=f_2(y_1,y_2)+g_2(y_1,y_2)y_3\\
\dot{y}_3&=y_4\\
&\vdots\\
\dot{y}_i&=y_{i+1}\\
&\vdots\\
\dot{y}_n&=(\mathrm{d}F_{n-1}+x_n\mathrm{d}G_{n-1})(\dot{x}_1,\dot{x}_2,\dot{x}_3,\cdots,\dot{x}_{n-1})^{\mathrm{T}}+G_{n-1}f_n+G_{n-1}g_nu
\end{aligned}
\tag{3.2.5}
$$

$$= F_n + G_n u \triangleq w$$

首先证明引理 3.1 的必要性.

因为 $\boldsymbol{\Phi}$ 是全局微分同胚, 于是对 $\mathbb{R}^n$ 中任意两点 $\boldsymbol{Y}_1$ 和 $\boldsymbol{Y}_2$, 存在 $\mathbb{R}^n$ 中两点 $\boldsymbol{X}_1$ 和 $\boldsymbol{X}_2$ 使得 $\boldsymbol{Y}_1 = \boldsymbol{\Phi}(\boldsymbol{X}_1)$ 和 $\boldsymbol{Y}_2 = \boldsymbol{\Phi}(\boldsymbol{X}_2)$. 因为系统 (3.2.1) 是全局能控的, 所以存在一个控制函数 $u(t)$ 使得轨线 $\boldsymbol{\gamma}(t) = (\gamma_1(t), \gamma_2(t), \cdots, \gamma_n(t))^{\mathrm{T}}$ 满足 $\boldsymbol{\gamma}(0) = \boldsymbol{X}_1, \boldsymbol{\gamma}(T) = \boldsymbol{X}_2$, $T \geqslant 0$.

令轨线 $\boldsymbol{\varGamma}(t) = \boldsymbol{\Phi}(\boldsymbol{\gamma}(t)) = (\varGamma_1(t), \varGamma_2(t), \cdots, \varGamma_n(t))^{\mathrm{T}}$. 则

$$\begin{aligned}
\dot{\varGamma}_1 &= f_1(\varGamma_1, \varGamma_2) + g_1(\varGamma_1, \varGamma_2)\varGamma_3 \\
\dot{\varGamma}_2 &= f_2(\varGamma_1, \varGamma_2) + g_2(\varGamma_1, \varGamma_2)\varGamma_3 \\
\dot{\varGamma}_3 &= \varGamma_4 \\
&\ \vdots \\
\dot{\varGamma}_i &= \varGamma_{i+1} \\
&\ \vdots \\
\dot{\varGamma}_n &= F_n(\boldsymbol{\Phi}^{-1}(\boldsymbol{\varGamma})) + G_n(\boldsymbol{\Phi}^{-1}(\boldsymbol{\varGamma}))u(t)
\end{aligned} \tag{3.2.6}$$

容易知道 $\boldsymbol{\varGamma}(t)$ 是控制系统 (3.2.3) 在控制 $w(t) = F_n(\boldsymbol{\Phi}^{-1}(\boldsymbol{\varGamma}(t)))+G_n(\boldsymbol{\Phi}^{-1}(\boldsymbol{\varGamma}(t)))u(t)$ 下的轨线. 因此系统 (3.2.3) 是全局能控的.

显然充分性是类似的. 引理 3.1 证明完毕. ■

定理 3.2 *系统 (3.2.1) 是全局能控的, 当且仅当它的子系统 (3.2.2) 是全局能控的.*

证明 由引理 3.1, 我们只需证明系统 (3.2.3) 全局能控即可.

由系统 (3.2.1) 的全局能控性推出其子系统是全局能控的, 这是显然的. 因此我们只需要证明由子系统 (3.2.2) 的全局能控性可推导出系统 (3.2.1) 的全局能控性.

对 $\mathbb{R}^n$ 中的任意两点 $\boldsymbol{Y}^0 = (y_1^0, y_2^0, \cdots, y_n^0)^{\mathrm{T}}$ 和 $\boldsymbol{Y}^1 = (y_1^1, y_2^1, \cdots, y_n^1)^{\mathrm{T}}$, 令 $\boldsymbol{y}^0 = (y_1^0, y_2^0)^{\mathrm{T}}$, $\boldsymbol{y}^1 = (y_1^1, y_2^1)^{\mathrm{T}}$ 及 $\boldsymbol{y} = (y_1, y_2)^{\mathrm{T}}$. 由于子系统 (3.2.2) 是全局能控的, 根据定理 2.2, 存在一个 C^{n-2} 的控制函数 $\overline{u}(\boldsymbol{y})$ 使得系统的轨线 $\boldsymbol{\gamma}(t)$ 满足 $\boldsymbol{\gamma}(0) = \boldsymbol{y}^0$ 和 $\boldsymbol{\gamma}(T) = \boldsymbol{y}^1$, $T \geqslant 0$.

下面我们分两种情形来证明系统 (3.2.1) 是全局能控的.

情形 1 $\det(\boldsymbol{f}(\boldsymbol{y}^i), \boldsymbol{g}(\boldsymbol{y}^i)) \neq 0$, $i = 0, 1$, 其中 $\boldsymbol{f}(\boldsymbol{y}) = (f_1(y_1, y_2), f_2(y_1, y_2))^{\mathrm{T}}$, $\boldsymbol{g}(\boldsymbol{y}) = (g_1(y_1, y_2), g_2(y_1, y_2))^{\mathrm{T}}$.

由于 $\boldsymbol{g}(\boldsymbol{y}^0)\neq\boldsymbol{0}$, 故存在点 $\boldsymbol{y}^0$ 的一个邻域 U 使得向量场 $\boldsymbol{g}(\boldsymbol{y})$ 在平面上的轨线可近似看作一族平行直线段. 如图 3.4 所示, $\beta_i, i=0,1,\cdots,4$ 是向量场 $\boldsymbol{g}(\boldsymbol{y})$ 的轨线. 由于子系统 (3.2.2) 是全局能控的, 根据定理 2.2, 存在一个 C^{n-2} 的控制 $\overline{u}(\boldsymbol{y})$ 使得子系统的轨线 $\boldsymbol{\gamma}(t)$ 满足 $\boldsymbol{\gamma}(0)=\boldsymbol{y}^0$ 和 $\boldsymbol{\gamma}(T)=\boldsymbol{y}^1$, $T\geqslant 0$. $\boldsymbol{\gamma}$ 在 U 内的部分连接点 $\boldsymbol{y}^0$ 和 $\boldsymbol{z}^1$.

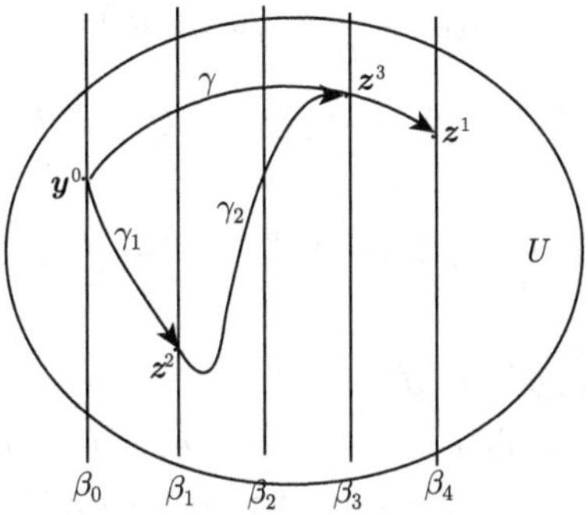

图 3.4 初始时刻轨线修正

现在我们对系统 (3.2.3) 做一个控制 $u_1(t)$, 则下面函数:

$$\overline{y}_3(t)=y_3^0+\int_0^t\left(y_4^0+\int_0^{\xi_1}\left(\cdots\left(y_{n-1}^0\right.\right.\right.$$
$$\left.\left.\left.+\int_0^{\xi_{n-4}}\left(y_n^0+\int_0^{\xi_{n-3}}u_1(\xi)\mathrm{d}\xi\right)\mathrm{d}\xi_{n-3}\right)\mathrm{d}\xi_{n-4}\right)\cdots\right)\mathrm{d}\xi_1$$

可看作子系统 (3.2.2) 的控制函数.

由于 $\det(\boldsymbol{f}(\boldsymbol{y}^0),\boldsymbol{g}(\boldsymbol{y}^0))\neq 0$, 我们可以截取子系统 (3.2.2) 在控制 $y_3(t)$ 下的轨线一小部分 $\boldsymbol{\gamma}_1$, $\boldsymbol{\gamma}_1$ 连接初始点 $\boldsymbol{y}^0$ 和在 (y_1,y_2) 平面上的点 $\boldsymbol{z}^2$ (图 3.4). 根据定理 2.2, 控制 $\overline{u}$ 是状态的 C^{n-2} 函数 $\overline{u}(y_1,y_2)$, 于是轨线 $\boldsymbol{\gamma}$ 和 $\boldsymbol{\gamma}_1$ 都是 C^{n-1}. 现在我们做曲线 $\boldsymbol{\gamma}_2$ 使得它以 $(n-1)$ 阶光滑连接 $\boldsymbol{\gamma}_1$ 和 $\boldsymbol{\gamma}$ 于点 $\boldsymbol{z}^2$ 和 $\boldsymbol{z}^3$ (图 3.4), 使得由 $\boldsymbol{\gamma}_1$, $\boldsymbol{\gamma}_2$ 和上面 $\boldsymbol{\gamma}$ 在点 $\boldsymbol{z}^1$ 和点 $\boldsymbol{z}^3$ 之间的部分组成的新曲线是 C^{n-1} 的, 且在此新曲线上的每一点均不与向量场 $\boldsymbol{g}(\boldsymbol{y})$ 相切. 我们把图 3.4 中从 $\boldsymbol{y}^0$ 经 $\boldsymbol{\gamma}_1$ 到 $\boldsymbol{z}^2$ 再经 $\boldsymbol{\gamma}_2$ 到 $\boldsymbol{z}^3$, 最后经 $\boldsymbol{\gamma}$ 到 $\boldsymbol{z}^1$ 的新曲线记作 $\boldsymbol{\gamma}_0$.

同样, 对在 (y_1,y_2) 平面中的终点 $\boldsymbol{y}^1$ 的一个邻域上, 我们也构造出一条相应的新曲线. 这样我们在 (y_1,y_2) 平面上构造出一条新的轨线, 它从初始点 $\boldsymbol{y}^0$ 出发角度和终点 $\boldsymbol{y}^1$ 的进入角度都满足高维系统在初始点和终点的对应要求.

现在我们对前面通过截取和光滑连接构造出的新轨线, 采用第 2 章 2.1.2 小节中根据轨线倒过来求控制的方法和 Whitney 可微延拓定理 1.2, 我们可得到一

个 C^{n-2} 控制函数 $\widehat{u}(y_1,y_2)$, 使得子系统 (3.2.2) 对应的轨线 $\widehat{\gamma}$ 满足 $\widehat{\gamma}(0)=\boldsymbol{y}^0$ 和 $\widehat{\gamma}(T)=\boldsymbol{y}^1$, $T\geqslant 0$. 注意在 $\boldsymbol{\gamma}_1$ 上, $\widehat{u}(y_1(t),y_2(t))$ 与 $\overline{y}_3(t)$ 是相等的, 这是因为在 $\boldsymbol{y}^0$ 邻域 U 内的曲线 $\boldsymbol{\gamma}_0$ 给定后, 根据第 2 章 2.1.2 小节的方法可知, 对应的控制 $u(\boldsymbol{y})$ 在曲线 $\boldsymbol{\gamma}_0$ 的值是唯一确定的.

现在容易知道

$$u(t)=\frac{\mathrm{d}^{n-2}}{\mathrm{d}t^{n-2}}\widehat{u}(y_1,y_2) \tag{3.2.7}$$

就是我们所要的控制, 即系统 (3.2.3) 在控制 $u(t)$ 下的轨线 Γ 满足 $\Gamma(0)=\boldsymbol{Y}_0$ 和 $\Gamma(T)=\boldsymbol{Y}_1$, $T\geqslant 0$.

情形 2 $\det(\boldsymbol{f}(\boldsymbol{y}^i),\boldsymbol{g}(\boldsymbol{y}^i))=0$, $i=0$ 或 1, 其中 $\boldsymbol{f}(\boldsymbol{y})=(f_1(y_1,y_2),f_2(y_1,y_2))^{\mathrm{T}}$, $\boldsymbol{g}(\boldsymbol{y})=(g_1(y_1,y_2),g_2(y_1,y_2))^{\mathrm{T}}$.

首先考虑情形: $\det(\boldsymbol{f}(\boldsymbol{y}^0),\boldsymbol{g}(\boldsymbol{y}^0))=0$.

由于判据函数 $g_1(y_1,y_2)f_2(y_1,y_2)-g_2(y_1,y_2)f_1(y_1,y_2)$ 在 (y_1,y_2) 平面上通过点 $\boldsymbol{y}^0$ 的控制曲线上变号, 再由第 2 章 2.1 节中的方法, 可以找到个合适的控制函数 $u_2(t)$ 驱动系统 (3.2.3), 使得它的正半轨到达点 $\overline{\boldsymbol{Y}}^0=(\overline{y}_1^0,\overline{y}_2^0,\cdots,\overline{y}_n^0)^{\mathrm{T}}$ 且 $\det(\boldsymbol{f}(\overline{\boldsymbol{y}}^0),\boldsymbol{g}(\overline{\boldsymbol{y}}^0))\neq 0$, 其中 $\overline{\boldsymbol{y}}^0=(\overline{y}_1^0,\overline{y}_2^0)^{\mathrm{T}}$.

类似地, 如果 $\det(\boldsymbol{f}(\boldsymbol{y}^1),\boldsymbol{g}(\boldsymbol{y}^1))=0$, 也可以找到一个合适的控制 $u_3(t)$ 驱动系统 (3.2.3) 负半轨到达点 $\overline{\boldsymbol{Y}}^1=(\overline{y}_1^1,\overline{y}_2^1,\cdots,\overline{y}_n^1)^{\mathrm{T}}$ 且 $\det(\boldsymbol{f}(\overline{\boldsymbol{y}}^1),\boldsymbol{g}(\overline{\boldsymbol{y}}^1))\neq 0$, 其中 $\overline{\boldsymbol{y}}^1=(\overline{y}_1^1,\overline{y}_2^1)^{\mathrm{T}}$. 再由情形 1 中的方法, 存在控制 $u_4(t)$ 使得系统 (3.2.3) 的轨线从点 $\overline{\boldsymbol{Y}}^0$ 到达点 $\overline{\boldsymbol{Y}}^1$. 定理证毕. ■

定理 3.2 告诉我们高维三角结构系统的全局能控性其实就是平面子系统出发点的角度和到达点的角度要满足规定的要求. 显然这个角度的要求是可以做到的. 于是高维三角结构系统的全局能控性就等价于对应平面子系统的全局能控性.

如果子系统 (3.2.2) 的控制向量场 $(g_1(x_1,x_2),g_2(x_1,x_2))^{\mathrm{T}}$ 具有一个唯一零点, 且其轨线满足定理 2.3 或者推论 2.1 的条件, 则有下面的定理 3.3.

定理 3.3 设子系统 (3.2.2) 满足定理 2.3 或者推论 2.1 中的条件. 我们有系统 (3.2.1) 是全局能控的, 当且仅当它的子系统 (3.2.2) 是全局能控的.

该定理证明几乎完全与定理 3.2 的证明相同, 故证明从略.

3.2.2 应用与例子

例 3.2 考虑下面非线性系统[10]:

$$\begin{aligned}\dot{x}_1&=a(x_2-x_1)\\ \dot{x}_2&=bx_1-x_2-x_1x_3+u\\ \dot{x}_3&=x_1+x_1x_2-2ax_3\end{aligned} \tag{3.2.8}$$

其中, a 和 b 是正常数.

根据定理 3.2, 我们只需要讨论下面子系统:

$$\begin{aligned}\dot{x}_1 &= -ax_1 + av \\ \dot{x}_3 &= x_1 - 2ax_3 + x_1 v\end{aligned} \tag{3.2.9}$$

其中, v 是控制输入. 容易知道系统 (3.2.9) 的控制曲线是 $\begin{cases} x_1 = at + c_1 \\ x_3 = \dfrac{1}{2}at^2 + c_1 t + c_2 \end{cases}$, $t \in (-\infty, +\infty)$, 其中 c_1 和 c_2 是任意常数, 它们代表不同的控制曲线. 于是判据函数 $\mathcal{C} = -ax_1^2 - a(x_1 - 2ax_3) = -a(at + c_1^2 + c_1 - 2ac_2)$. 显然, 判据函数 $\mathcal{C}$ 在任意控制曲线上改变符号. 由定理 2.1, 子系统 (3.2.9) 是全局能控的. 因此系统 (3.2.8) 也是全局能控的. ■

例 3.3 考虑下面三阶控制系统:

$$\begin{aligned}\dot{x}_1 &= 2\cos^2(x_1^2 + x_2^2) + x_3 \\ \dot{x}_2 &= (x_1^2 + x_2^2) + (x_1^2 + x_2^2)x_3 \\ \dot{x}_3 &= u\end{aligned} \tag{3.2.10}$$

根据定理 3.2, 我们只要考虑下面子系统的全局能控性:

$$\begin{aligned}\dot{x}_1 &= 2\cos^2(x_1^2 + x_2^2) + v \\ \dot{x}_2 &= (x_1^2 + x_2^2) + (x_1^2 + x_2^2)v\end{aligned} \tag{3.2.11}$$

其中, v 是控制输入. 显然它的判据函数 $\mathcal{C}$ 为

$$2(x_1^2 + x_2^2)\cos^2(x_1^2 + x_2^2) - (x_1^2 + x_2^2) = (x_1^2 + x_2^2)\cos[2(x_1^2 + x_2^2)] \tag{3.2.12}$$

注意系统 (3.2.11) 的控制曲线不能显示求解, 但我们知道它的任意控制曲线两端都趋于无穷. 因此根据方程 (3.2.12) 知其判据函数 $\mathcal{C}$ 在任意控制曲线上改变符号. 由定理 3.2 知系统 (3.2.10) 是全局能控的. ■

例 3.4 场控直流电机可由下面方程描述[10]:

$$\begin{aligned}\dot{x}_1 &= -ax_1 + u \\ \dot{x}_2 &= -bx_2 + \rho - cx_1 x_3 \\ \dot{x}_3 &= \theta x_1 x_2 - dx_3\end{aligned} \tag{3.2.13}$$

其中, x_1, x_2, x_3 和 u 分别表示定子电流、转子电流、电机轴角速度和定子电压, 参数 a, b, c, d, θ 和 ρ 均为正常数.

根据定理 3.3, 我们只需要讨论下面子系统:

$$\begin{aligned} \dot{x}_2 &= -bx_2 + \rho - cx_3 v \\ \dot{x}_3 &= -dx_3 + \theta x_2 v \end{aligned} \tag{3.2.14}$$

的全局能控性. 容易知道子系统 (3.2.14) 满足推论 2.1 的条件, 因为它的控制向量场 $(-cx_3, \theta x_2)^{\mathrm{T}}$ 的轨线都是椭圆

$$(\lambda\sqrt{c}\cos(\sqrt{c\theta}\ t), \lambda\sqrt{\theta}\sin(\sqrt{c\theta}\ t)), \quad \lambda > 0, \quad t \in \mathbb{R}$$

根据推论 2.1, 系统 (3.2.14) 是全局能控的, 当且仅当它的判据函数

$$\mathcal{C} = \lambda\theta[(d-b)c\lambda\cos^2(\sqrt{c\theta}\, t) + \sqrt{c}\,\rho\cos(\sqrt{c\theta}\, t) - cd\lambda]$$

在每一条控制曲线上变号, 即下面函数:

$$(d-b)c\lambda s^2 + \sqrt{c}\rho s - cd\lambda, \qquad s = \cos(\sqrt{c\theta}\, t) \in [-1, 1] \tag{3.2.15}$$

对每一参数 $\lambda > 0$, 在区间 $s \in [-1, 1]$ 上, 函数值改变符号, 其中每一 λ 对应着一条控制曲线.

如果 $d - b = 0$, 显然只要 λ 足够大, 可让函数 (3.2.15) 在区间 $s \in [-1, 1]$ 上恒为负值.

如果 $d - b < 0$, 我们有

$$\Delta = c\rho^2 + 4(d-b)d(c\lambda)^2$$

显然只要 λ 足够大, Δ 就会为负值. 因此函数 (3.2.15) 在区间 $s \in [-1, 1]$ 上恒为负值.

如果 $d-b > 0$, 那么函数 (3.2.15) 开口向上, 且方程 $(d-b)c\lambda s^2 + \sqrt{c}\rho s - cd\lambda = 0$ 有一个正根和一个负根. 因为 $(d-b)c\lambda(-1)^2 + \sqrt{c}\rho(-1) - cd\lambda = -bc\lambda - \sqrt{c}\rho < 0$, 故负根必定比 -1 小. 类似地, 只要 λ 足够大, 我们有 $(d-b)c\lambda \cdot 1^2 + \sqrt{c}\rho \cdot 1 - cd\lambda = -bc\lambda + \sqrt{c}\rho < 0$. 因此正根必定比 1 大. 根据上面推导, 只要 λ 足够大, 函数 (3.2.15) 在区间 $s \in [-1, 1]$ 上就恒为负.

综合上述, 不管 $d - b$ 为何值, 总存在 λ 使得判据函数恒为负值, 故子系统 (3.2.14) 不是全局能控的. 因此系统 (3.2.13) 也不是全局能控的. ■

例 3.5 忽略轴阻尼项 $-dx_3$ 的场控直流电机可由下面三阶模型描述[10]:

$$\begin{aligned}\dot{x}_1 &= -ax_1 + u \\ \dot{x}_2 &= -bx_2 + \rho - cx_1x_3 \\ \dot{x}_3 &= \theta x_1x_2\end{aligned} \tag{3.2.16}$$

其中, 参数 a, b, c, θ 和 ρ 都是正常数.

与例 3.4 类似, 控制系统 (3.2.16) 全局能控当且仅当下面函数:

$$-bc\lambda s^2 + \sqrt{c}\rho s = s(-bc\lambda s + \sqrt{c}\rho), \qquad s \in [-1, 1] \tag{3.2.17}$$

对任意参数 $\lambda > 0$ 改变符号, 其中每一 λ 对应一条控制曲线.

容易判断在区间 $[-1,1]$ 上, 式 (3.2.17) 对任意 $\lambda > 0$ 都改变符号. 因此系统 (3.2.16) 是全局能控的. ■

例 3.6 这里我们进一步讨论例 3.1 中永磁同步电机系统:

$$\begin{aligned}L_d\frac{\mathrm{d}i_d}{\mathrm{d}t} &= -R_si_d + n_p\omega L_qi_q + u_d \\ L_q\frac{\mathrm{d}i_q}{\mathrm{d}t} &= -R_si_q - n_p\omega L_di_d - n_p\omega\Phi + u_q \\ J\frac{\mathrm{d}\omega}{\mathrm{d}t} &= \frac{3}{2}n_p[(L_d - L_q)i_di_q + \Phi i_q] - \tau_L\end{aligned} \tag{3.2.18}$$

其中, i_d 和 i_q 是 d-q 轴方向电流, ω 是转子角速度, u_d 和 u_q 是 d-q 轴电压, R_s 是定子电阻, L_d 和 L_q 是 d-q 轴定子电感, n_p 是电机极对数, Φ 是永磁磁链, J 是转子转动惯量, τ_L 是负载力矩.

我们注意到如果系统 (3.2.18) 的控制 u_d 和 u_q 中有一个失效, 用第 2 章及本章中的思想和方法仍然可以研究系统 (3.2.18) 的全局能控性.

首先, 令 $(x_1, x_2, x_3)^{\mathrm{T}} = (L_di_d, L_qi_q, J\omega)^{\mathrm{T}}$, $a = \dfrac{R_s}{L_d}$, $b = \dfrac{n_p}{J}$, $c = \dfrac{R_s}{L_q}$, $d = \Phi b$, $\beta = \dfrac{3(L_d - L_q)}{2L_dL_q}n_p$, $h = \dfrac{3n_p\Phi}{2L_q}$ 和 $\tau = \tau_L$. 注意除了 β 外, 所有系数均为正数. 现在系统 (3.2.18) 可重新表述为

$$\begin{aligned}\dot{x}_1 &= -ax_1 + bx_2x_3 + u_d \\ \dot{x}_2 &= -cx_2 - bx_1x_3 - dx_3 + u_q \\ \dot{x}_3 &= \beta x_1x_2 + hx_2 - \tau\end{aligned} \tag{3.2.19}$$

情形 1　控制 u_q 失效.

此时系统 (3.2.19) 变为

$$
\begin{aligned}
\dot{x}_1 &= -ax_1 + bx_2x_3 + u_d \\
\dot{x}_2 &= -cx_2 - bx_1x_3 - dx_3 \\
\dot{x}_3 &= \beta x_1x_2 + hx_2 - \tau
\end{aligned}
\tag{3.2.20}
$$

根据定理 3.3, 我们只需考虑下面子系统:

$$
\begin{aligned}
\dot{x}_2 &= -cx_2 - dx_3 - bx_3v \\
\dot{x}_3 &= hx_2 - \tau + \beta x_2v
\end{aligned}
\tag{3.2.21}
$$

子情形 1　$\beta > 0$, 即 $L_d > L_q$.

易知子系统 (3.2.21) 的控制曲线是一族椭圆 $(\lambda\sqrt{b}\cos(\sqrt{b\beta}\,t), \lambda\sqrt{\beta}\sin(\sqrt{b\beta}\,t))$, $\lambda > 0$, $t \in \mathbb{R}$. 于是判据函数在控制曲线上的值为

$$
\mathcal{C}(s) = \lambda[-c\beta b\lambda\cos^2 s - (d\beta - bh)\sqrt{b\beta}\lambda\sin s\cos s - \tau b\sqrt{\beta}\sin s]
$$

其中, $s = \sqrt{b\beta}\,t$, 每一参数 $\lambda > 0$ 代表一条控制曲线.

注意到 $\mathcal{C}\left(\dfrac{\pi}{2}\right) = -\lambda\tau b\sqrt{\beta} < 0$ 和 $\mathcal{C}\left(-\dfrac{\pi}{2}\right) = \lambda\tau b\sqrt{\beta} > 0$. 因此根据定理 3.3, 在此情况下系统 (3.2.18) 在控制 u_q 失效的情况下也是全局能控的.

子情形 2　$\beta < 0$, 即 $L_d < L_q$. 令 $r = -\beta > 0$.

此时子系统 (3.2.21) 的平衡点是个鞍点. 由于不符合定理 2.3 或推论 2.1 的条件, 故不能用它们的结论. 然而我们依然可以利用 2.2 节的思想来分析子系统 (3.2.21) 的全局能控性. 其控制曲线如图 3.5 所示, 其中 $k = \sqrt{\dfrac{r}{b}}$. 显然除了在直线 $x_3 = \pm kx_2$ 上的控制曲线都是主控制曲线.

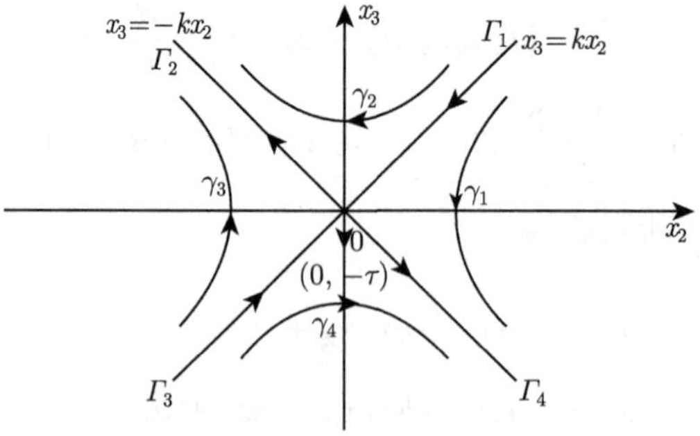

图 3.5　平衡点为鞍点的控制曲线之一

子系统 (3.2.21) 全局能控性的判据函数 $\mathcal{C}$ 为

$$cr x_2^2 + (dr + bh) x_2 x_3 - b\tau x_3$$

在控制曲线 Γ_1：$x_3 = kx_2$，$x_2 \geqslant 0$ 及 Γ_3：$x_3 = kx_2$，$x_2 \leqslant 0$ 上，判据函数 $\mathcal{C}$ 都为 $[cr + (dr + bh)k]x_2^2 - b\tau k x_2$. 显然在 Γ_1 上变号，在 Γ_3 上 $\mathcal{C} \geqslant 0$.

在控制曲线 Γ_2：$x_3 = -kx_2$，$x_2 \leqslant 0$ 及 Γ_4：$x_3 = -kx_2$，$x_2 \geqslant 0$ 上，判据函数 $\mathcal{C}$ 都为 $[cr - k(dr + bh)]x_2^2 + b\tau k x_2$. 于是我们有下面图表:

	$cr - k(dr + bh) > 0$	$cr - k(dr + bh) < 0$	$cr - k(dr + bh) = 0$
Γ_2	变号	$\mathcal{C} \leqslant 0$	$\mathcal{C} \leqslant 0$
Γ_4	$\mathcal{C} \geqslant 0$	变号	$\mathcal{C} \geqslant 0$

综上所述，当 $cr - k(dr + bh) > 0$ 时，子系统 (3.2.21) 的判据函数在控制曲线 Γ_3 和 Γ_4 都大于或等于零，即其控制向量场 $(-cx_2 - dx_3, hx_2 - \tau)^{\mathrm{T}}$ 在控制曲线 Γ_3 和 Γ_4 上都指向控制曲线 γ_4 所在的区域 (图 3.5). 因此子系统 (3.2.21) 不能全局能控.

当 $cr - k(dr + bh) \leqslant 0$ 时，子系统 (3.2.21) 的判据函数在控制曲线 Γ_3 上大于或等于零，在 Γ_2 上小于或等于零，即其控制向量场 $(-cx_2 - dx_3, hx_2 - \tau)^{\mathrm{T}}$ 在控制曲线 Γ_3 上指向控制曲线 γ_4 所在的区域，在 Γ_2 上指向控制曲线 γ_2 所在的区域. 因此子系统 (3.2.21) 不能全局能控.

因此在此子情形 2 条件下，系统 (3.2.18) 不能全局能控.

子情形 3 $\beta = 0$.

此子情形虽然 x_2 轴上的点都是控制向量场的零点，但总体上系统轨线分析比较简单. 如图 3.6 所示，除了 x_2 轴外，其他与 x_2 平行的直线 Γ_1，Γ_2 都是控制曲线，在直线 $x_2 = \dfrac{\tau}{h}$ 右边的系统向量场都向上走，左边都向下走.

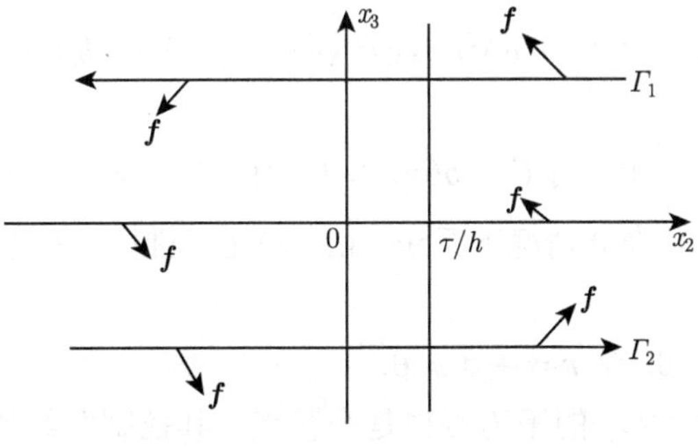

图 3.6 x_2 轴上的点都是零点 (平衡点) 时的控制曲线之一

参照第 2 章分析平面系统全局能控性的方法, 可知子系统 (3.2.21) 是全局能控的.

情形 2 控制 u_d 失效.

此时系统 (3.2.19) 变为

$$\begin{aligned} \dot{x}_1 &= -ax_1 + bx_2x_3 \\ \dot{x}_2 &= -cx_2 - bx_1x_3 - dx_3 + u_q \\ \dot{x}_3 &= \beta x_1x_2 + hx_2 - \tau \end{aligned} \tag{3.2.22}$$

根据定理 3.3, 我们只需考虑下面子系统:

$$\begin{aligned} \dot{x}_1 &= -ax_1 + bx_3v \\ \dot{x}_3 &= -\tau + (\beta x_1 + h)v \end{aligned} \tag{3.2.23}$$

做坐标变换 x_3 和 $x_4 = \beta x_1 + h$, 于是子系统 (3.2.23) 可化为

$$\begin{aligned} \dot{x}_3 &= -\tau + x_4v \\ \dot{x}_4 &= -ax_4 + ah - b\beta x_3v \end{aligned} \tag{3.2.24}$$

子情形 1 $\beta > 0$.

此时子系统 (3.2.24) 的控制曲线是椭圆: $(\lambda\sin\sqrt{b\beta}\ t, \lambda\sqrt{b\beta}\cos\sqrt{b\beta}\ t)$, $\lambda > 0$, 其中每一 λ 对应一条控制曲线. 于是判据函数为

$$\begin{aligned} \mathcal{C} &= ax_4^2 - ahx_4 + b\beta\tau x_3 \\ &= b\beta\tau\lambda\sin\sqrt{b\beta}\ t + a\lambda^2 b\beta\cos^2\sqrt{b\beta}\ t - ah\lambda\sqrt{b\beta}\cos\sqrt{b\beta}\ t \end{aligned} \tag{3.2.25}$$

类似地, 当 $\sqrt{b\beta}\ t = \dfrac{\pi}{2}$ 时, 有 $\mathcal{C} = b\beta\tau\lambda > 0$; 当 $\sqrt{b\beta}\ t = -\dfrac{\pi}{2}$ 时, 有 $\mathcal{C} = -b\beta\tau\lambda < 0$. 因此根据定理 3.3, 在此情况下系统 (3.2.18) 在控制 u_d 失效的情况下也是全局能控的.

子情形 2 $\beta < 0$. 令 $r = -\beta > 0$.

此时子系统 (3.2.24) 的平衡点也是个鞍点. 其控制曲线如图 3.7 所示, 其中 $k = \sqrt{br}$. 同样除了在直线 $x_4 = \pm kx_3$ 上的控制曲线都是主控制曲线.

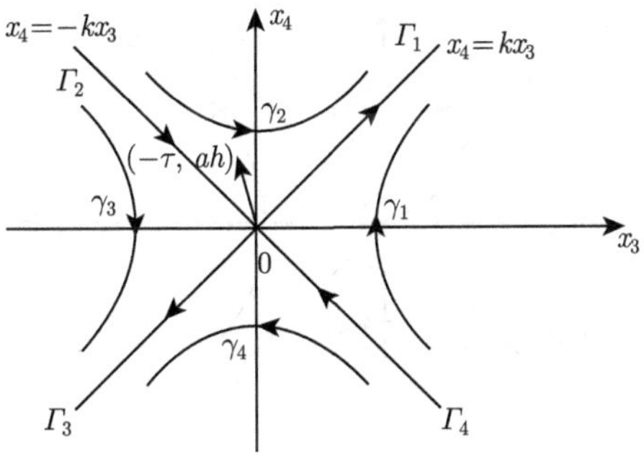

图 3.7 平衡点为鞍点的控制曲线之二

子系统 (3.2.24) 全局能控性的判据函数 $\mathcal{C}$ 为

$$\mathcal{C} = ax_4^2 - ahx_4 - br\tau x_3$$

在控制曲线 Γ_1： $x_4 = kx_3$，$x_3 \geqslant 0$ 及 Γ_3： $x_4 = kx_3$，$x_3 \leqslant 0$ 上, 判据函数 $\mathcal{C}$ 都为 $ak^2x_3^2 - (br\tau + ahk)x_3$. 由于 $\mathcal{C}$ 中系数均为正数, 故在 Γ_1 上, $\mathcal{C}$ 变号; 在 Γ_3 上, $\mathcal{C} \geqslant 0$.

在控制曲线 Γ_2： $x_4 = -kx_3$，$x_3 \leqslant 0$ 及 Γ_4： $x_4 = -kx_3$，$x_3 \geqslant 0$ 上, 判据函数 $\mathcal{C}$ 都为 $ak^2x_3^2 + (ahk - br\tau)x_3$. 于是我们有下面表格:

	$ahk - br\tau > 0$	$ahk - br\tau < 0$	$ahk - br\tau = 0$
Γ_2	变号	$\mathcal{C} \geqslant 0$	$\mathcal{C} \geqslant 0$
Γ_4	$\mathcal{C} \geqslant 0$	变号	$\mathcal{C} \geqslant 0$

注意由 $ahk - br\tau > 0$ 可推出 $\dfrac{ah}{\tau} > \dfrac{br}{k} = \sqrt{br} = k$. 此式左边是在原点的系统向量 $(-\tau, ah)^{\mathrm{T}}$ 斜率的相反数, 右边是鞍点分界线的斜率 (图 3.7).

我们知道此时在原点的系统向量 $(-\tau, ah)^{\mathrm{T}}$ 指向控制曲线 γ_2 所在区域, 如图 3.7 所示. 由此可知在控制曲线 Γ_3 上系统向量指向 γ_3 所在区域; 控制曲线 Γ_4 上系统向量指向 γ_1 所在区域, 故子系统 (3.2.24) 不能全局能控.

然后, 由 $ahk - br\tau < 0$ 可知在原点的系统向量 $(-\tau, ah)^{\mathrm{T}}$ 指向控制曲线 γ_3 所在区域, 如图 3.8 所示. 因此在控制曲线 Γ_2 和 Γ_3 上系统向量都指向 γ_3 所在区域, 故子系统 (3.2.24) 不能全局能控.

最后, 由 $ahk - br\tau = 0$ 知在原点的系统向量 $(-\tau, ah)^{\mathrm{T}}$ 与控制曲线 Γ_2 重合. 容易验证子系统 (3.2.24) 的系统向量场 $(-\tau, -ax_4 + ah)^{\mathrm{T}}$ 都指向左边, 即在 Γ_2 上指向 γ_3 所在区域; 在 Γ_4 上指向 γ_4 所在区域, 因此子系统 (3.2.24) 不是全局能控的.

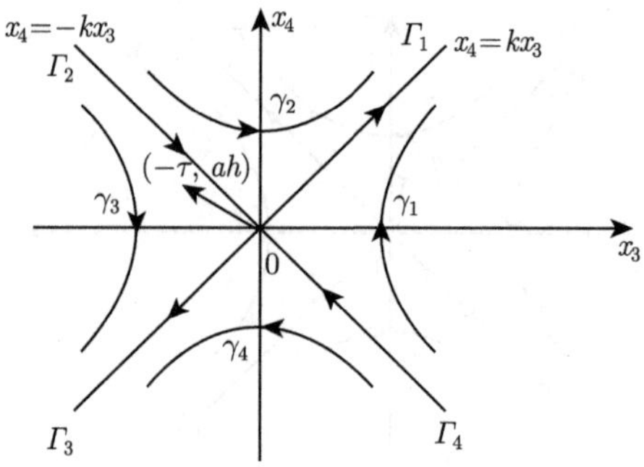

图 3.8　平衡点为鞍点的控制曲线之二

子情形 3　$\beta = 0$.

在此子情形下, x_3 轴上的点都是控制向量场的零点, 除了 x_3 轴外, 其他与 x_3 轴平行的直线 Γ_1, Γ_2 都是控制曲线, 如图 3.9 所示. 在直线 $x_4 = h$ 上方的系统向量场都往下走, 在 $x_4 = h$ 下方的系统向量场都往上走. 故此情形, 子系统 (3.2.24) 不是全局能控的.

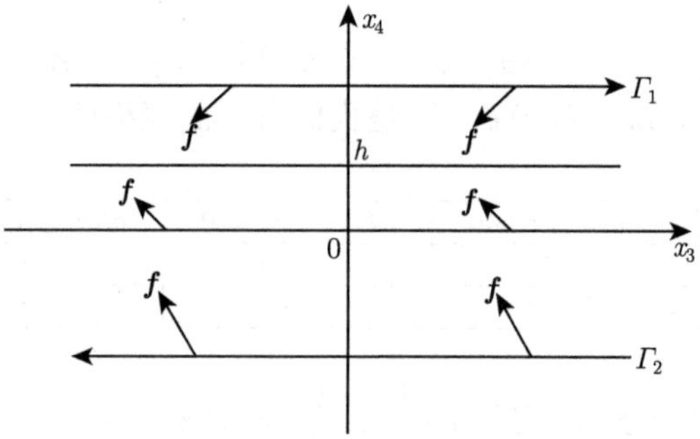

图 3.9　x_3 轴上的点都是零点 (平衡点) 时的控制曲线之二

总结上面结果, 最后我们有如下结论。

(1) 当 $L_d > Lq$ 时, 控制 u_d 和 u_q 中任意一个失效, 系统 (3.2.18) 仍是全局能控的.

(2) 当 $L_d < Lq$ 时, 控制 u_d 和 u_q 中任意一个失效, 系统 (3.2.18) 不再是全局能控的.

(3) 当 $L_d = Lq$ 时, 控制 u_q 失效, 系统 (3.2.18) 仍是全局能控的; 控制 u_d 失效, 系统 (3.2.18) 不再是全局能控的.

第 4 章 非线性系统的全局能控性 III: 多项式系统

前两章我们研究了非线性系统的全局能控性, 并得到了一些判据. 这些判据表明对某些控制系统, 因为可以驱动系统的轨线沿着控制曲线 (超曲面/平面) 走, 加上余维不多 (常见为 1 维) 或能有效分析和控制轨线走向, 这样为系统全局能控性的完全解决提供了清晰的思路. 显然其中控制曲线 (超曲面/平面) 是关键概念. 虽然我们获得控制曲线/超曲面的解析解并不容易, 然而即使获得, 验证判据函数是否在其上变号也不是一个显而易见或轻松的工作. 本章将主要研究几类多项式系统, 通过多项式系数的有限步代数运算判断多项式系统的全局能控性. 这些多项式系统要求其控制曲线/超曲面也可以由 (多元) 多项式描述.

4.1 平 面 情 形

本节我们考虑下面多项式系统:

$$\begin{aligned}\dot{x} &= f(x,y) + a(x,y)u \\ \dot{y} &= g(x,y) + b(x,y)u\end{aligned} \tag{4.1.1}$$

其中, 对任意 $(x,y)\in\mathbb{R}^2$, 有 $(a(x,y),b(x,y))\neq(0,0)$, f,g,a 和 b 都是关于 x 和 y 的二元多项式函数. 再假设系统 (4.1.1) 的控制曲线族可由函数 $y=\varphi(x,c)$ 表示, 且 $\varphi(x,c)$ 也是二元多项式.

在本节中判断系统 (4.1.1) 是否全局能控的结论很难写成一个定理的形式, 主要是介绍一个按部就班的算法, 通过其系数的有限步算术运算[①]来判断系统 (4.1.1) 的全局能控性.

首先把系统 (4.1.1) 改写为如下形式:

$$\begin{aligned}\dot{x} &= \sum_{i=0}^{n} p_i(x)y^i + u\sum_{i=0}^{s} a_i(x)y^i \\ \dot{y} &= \sum_{i=0}^{m} q_i(x)y^i + u\sum_{i=0}^{\tau} b_i(x)y^i\end{aligned} \tag{4.1.2}$$

① 即加减乘除运算, 不包括其他运算, 比如开方运算.

其中, $p_i(x), q_i(x), a_i(x)$ 和 $b_i(x)$ 都是单变量多项式, 且 $p_n(x) \neq 0$, $q_m(x) \neq 0$, $a_s(x) \neq 0$, $b_\tau(x) \neq 0$, 即首项非零多项式.

假定 4.1 系统 (4.1.1) 的控制曲线族可由方程 $y = \varphi(x, c)$ 表示, 其中 $\varphi(x, c)$ 是二元多项式, 不同的常数 c 表示不同的控制曲线①. 通常 c 属于某个区间, 常见 $c \in \mathbb{R}$. 下面默认为 $c \in \mathbb{R}$.

由假定 4.1, 我们改写 $\varphi(x,c)$ 为 $\varphi(x,c) \triangleq \sum_{i=0}^{\mu} \phi_i(c)x^i$, 再把 $y = \sum_{j=0}^{\mu} \phi_j(c)x^j$ 代入全局能控性判据函数 (多项式) $\mathcal{C}$ 中. 则我们有:

$$\mathcal{C} \triangleq b(x,y)f(x,y) - a(x,y)g(x,y) \tag{4.1.3}$$

$$= \sum_{i=0}^{\kappa} \lambda_i(x) y^i \tag{4.1.4}$$

$$= \sum_{i=0}^{\kappa} \lambda_i(x) \left[\sum_{j=0}^{\mu} \phi_j(c) x^j \right]^i \tag{4.1.5}$$

$$= \sum_{i=0}^{M} r_i(c) x^i \tag{4.1.6}$$

其中, $r_i(c)$ 是对参数 c 的单变量多项式, $i = 0, 1, 2, \cdots, M$, 且 $r_M(c) \neq 0$ (即 $r_M(c)$ 为非零多项式). 式 (4.1.4) 和式 (4.1.6) 分别由式 (4.1.3) 和式 (4.1.5) 重写而来. 因此系统 (4.1.1) 的全局能控性, 等价于判据多项式 $\mathcal{C}(x, c)$ 是否对每一个常数 $c \in \mathbb{R}$ 变号.

4.1.1 ϵ-判别式序列

现在我们把 c 看作固定常数, 于是 $\mathcal{C}(x)$ 就是 x 的单变量多项式. 根据多项式的判别式序列定义 (式 (1.3.9)), 计算出 $\mathcal{C}(x)$ 的判别式序列 $\{D_1(c), D_2(c), \cdots, D_M(c)\}$②, 其中, $D_i(c)$ 是对参数 c 的单变量多项式.

引理 4.1 *如果存在一个 $c_0 \in \mathbb{R}$ 使得 $l - 2v = 0$, 则系统 (4.1.1) 不是全局能控的, 其中 v 和 l 分别是判别式序列 $\{D_1(c_0), D_2(c_0), \cdots, D_M(c_0)\}$ 修正表的变号数和非零项数.*

证明 根据定理 1.37, 对于常数 c_0, 显然判据多项式 $\mathcal{C}(x, c_0) = \sum_{i=0}^{M} r_i(c_0)x^i$ 没有实根, 也就是它恒为正或者恒为负, 即 $\mathcal{C}(x, c_0)$ 在对应的控制曲线 $y = \varphi(x, c_0)$ 上不变号. 再由定理 2.1 得出系统 (4.1.2) 不是全局能控的. ■

① 控制曲线族可由方程 $\phi(x, y, c) = 0$ 描述时, 我们也同样可以构造出算法判别系统的全集能控性, 其中 $\phi(x, y, c)$ 是三元多项式, 只是算法更复杂, 可见 [25].

② 此处由于 $D_1(c) = [r_M(c)]^2 > 0$, $D_0 = 1$, 故省略了 $D_0 = 1$ 项并不会改变判别式序列的变号数. 本节后面都省略了 D_0 项.

如果 $l-2v>0$, 则根据引理 4.1, 判据多项式 $\mathcal{C}(x,c_0)$ 有实根. 然而我们无法根据判别式序列 $\{D_1(c_0),D_2(c_0),\cdots,D_M(c_0)\}$ 判别 $\mathcal{C}(x,c_0)$ 是否变号. 为此我们需要引入下面引理 4.2 和 ϵ-判别式序列.

引理 4.2 令 $\mathrm{C}^0(\mathbb{R})$ 表示定义在实数 $\mathbb{R}$ 上的连续函数集合. 函数 $h(x)\in \mathrm{C}^0(\mathbb{R})$ 变号的充分必要条件为: 存在 $\alpha>0$ 对于任意 $|\epsilon|<\alpha$, $h(x)+\epsilon=0$ 有实根 (在此 ϵ 可为负值).

此引理是显然的, 故从略.

由引理 4.2, 判据多项式 $\sum_{i=0}^{M} r_i(c_0)x^i$ 变号等价于只要 ϵ 足够小[①], 多项式

$$\sum_{i=0}^{M} r_i(c_0)x^i+\epsilon=\sum_{i=1}^{M} r_i(c_0)x^i+[r_0(c_0)+\epsilon] \tag{4.1.7}$$

均有实根. 于是构造 $2M\times 2M$ 阶矩阵

$$\begin{pmatrix}
r_M(c) & r_{M-1}(c) & r_{M-2}(c) & \cdots & r_0(c)+\epsilon & & & & \\
0 & Mr_M(c) & (M-1)r_{M-1}(c) & \cdots & r_1(c) & & & & \\
 & r_M(c) & r_{M-1}(c) & \cdots & r_1(c) & r_0(c)+\epsilon & & & \\
 & 0 & Mr_M(c) & \cdots & 2r_2(c) & r_1(c) & & & \\
 & & & \vdots & \vdots & & & & \\
 & & & \vdots & \vdots & & & & \\
 & & & & r_M(c) & r_{M-1}(c) & r_{M-2}(c) & \cdots & r_0(c)+\epsilon \\
 & & & & 0 & Mr_M(c) & (M-1)r_{M-1}(c) & \cdots & r_1(c)
\end{pmatrix}$$

现在把 ϵ 看作常数, 计算上面 $2M\times 2M$ 阶矩阵的偶数阶主子式, 即式 (4.1.7) 的判别式序列, 也称之为 **ϵ-判别式序列** $\{D_1(c_0,\epsilon),D_2(c_0,\epsilon),\cdots,D_M(c_0,\epsilon)\}$.

通过计算, 我们有

$$\begin{aligned}
&D_i(c,\epsilon)=D_i(c), i=1,2,\cdots,s\\
&D_i(c,\epsilon)=D_i(c)+\sum_{k=1}^{K_i}E_{i,k}(c)\epsilon^k,\quad i=s+1,s+2,\cdots,M
\end{aligned} \tag{4.1.8}$$

如果 M 是偶数则 $s=\dfrac{M}{2}$; 如果 M 是奇数则 $s=\dfrac{M-1}{2}$. 在方程 (4.1.8) 中 $E_{i,k}(c)$ 是单变量多项式.

① 即 $|\epsilon|$ 足够小. 在本节中, ϵ 可为负值, 以后不再一一说明.

引理 4.3 对于常数 $c_0 \in \mathbb{R}$, 令 $D_i(c_0) \neq 0$, $i = 1, 2, \cdots, M$. 则在点 c_0 全局能控性判据多项式 $\sum_{i=0}^{M} r_i(c_0)x^i$ 变号, 当且仅当 $M - 2v > 0$, 其中 v 是 $\{D_1(c_0), D_2(c_0), \cdots, D_M(c_0)\}$ 的变号数.

证明 首先证明引理 4.3 的充分性.

显然由式 (4.1.8) 中 $D_i(c_0, \epsilon)$ 的连续性和 $D_i(c_0, 0) = D_i(c_0) \neq 0$, $i = 1, 2, \cdots, M$, 可知只要 ϵ 足够小, $D_i(c_0, \epsilon)$ 就与 $D_i(c_0)$ 的符号相同. 因此只要 ϵ 足够小, $\{D_1(c_0, \epsilon), D_2(c_0, \epsilon), \cdots, D_M(c_0, \epsilon)\}$ 的变号数是不变的. 再由定理 1.37, 如果 $M - 2v > 0$, 则对足够小的 ϵ, 式 (4.1.7) 均有实根. 于是判据函数 $\mathcal{C}(x, c_0)$ 变号.

下面我们由反证法证明引理的必要性.

假如 $M - 2v = 0$. 则根据定理 1.37, 多项式 $\sum_{i=0}^{M} r_i(c_0)x^i n$ 没有实根. 由多项式函数的连续性, 在 $x \in \mathbb{R}$ 上判据函数 $\mathcal{C}(x, c_0)$ 恒为正或恒为负, 即不变号. ■

上面引理 4.3 不能解决存在某些 $D_i(c_0) = 0$ 的情形. 如何判断在点 c_0 判据多项式 $\mathcal{C}(x, c_0) = \sum_{i=0}^{M} r_i(c_0)x^i$ 是否变号? 这里假设首项 $r_M(c_0) \neq 0$. 如果 M 是奇数, 则显然 $\mathcal{C}(x, c_0)$ 变号. 针对 M 是偶数情形给出算法 1 (奇数时也能用, 只是没有必要).

算法 1

第一步 先计算出 $\mathcal{C}(x, c_0)$ 的 ϵ-判别式序列 $\{D_1(c_0, \epsilon), D_2(c_0, \epsilon), \cdots, D_M(c_0, \epsilon)\}$. 如果 $D_i(c_0, \epsilon) = D_i(c_0) + \sum_{k=1}^{K_i} E_{i,k}(c_0)\epsilon^k$ 中 $D_i(c_0) = 0$, 则 $D_i(c_0, \epsilon)$ 的符号由次数最低的非零 $E_{i,k}(c_0)$ 确定, 即 $E_{i,k_0}(c_0) \neq 0$ 且 $E_{i,1}(c_0) = 0$, $E_{i,2}(c_0) = 0, \cdots, E_{i,k_0-1}(c_0) = 0$.

第二步 当 ϵ 很小但不等于零时, ϵ-判别式序列中每一项 $D_i(c_0, \epsilon)$ 都是非零的, 且 $\{D_1(c_0, \epsilon), D_2(c_0, \epsilon), \cdots, D_M(c_0, \epsilon)\}$ 中每一项的符号都能根据第一步中的 $E_{i,k_0}(c_0)$ 的符号确定. 根据引理 4.2 和引理 4.3, 如果当 $\epsilon > 0$ 和 $\epsilon < 0$ 时, ϵ-判别式序列都有 $M - 2v > 0$, 则 $\mathcal{C}(x, c_0)$ 变号; 否则 $\mathcal{C}(x, c_0)$ 不变号.

这样上面就给出了判据多项式 $\mathcal{C}(x, c_0) = \sum_{i=0}^{M} r_i(c_0)x^i$ 是否变号的算法.

系统 (4.1.1) 称为对全局能控性非敏感的, 如果所有 $D_i(c) \neq 0, \forall c \in \mathbb{R}$, 即所有 $D_i(c)$ 没有实根, $i = 1, 2, \cdots, M$. 否则系统 (4.1.1) 称为敏感的. 例如, 平面线性系统就是非敏感的. 如果对于区间 I, $D_i(c) \neq 0$, $\forall\, c \in I$, $i = 1, 2, \cdots, M$, 则称系统 (4.1.1) 在区间 I 上对全局能控性非敏感的.

推论 4.1 令系统 (4.1.1) 为非敏感的. 则系统 (4.1.1) 全局能控, 当且仅当 $M - 2v > 0$, 其中 v 是 $\{D_1(c), D_2(c), \cdots, D_M(c)\}$ 的变号数.

证明 因为对任意 $c \in \mathbb{R}$ 有 $D_i(c) \neq 0$, 以及 $M - 2v > 0$, 由引理 4.3 可知对任意 $c \in \mathbb{R}$ 有 $\mathcal{C}(x)$ 变号. 所以系统 (4.1.2) 是全局能控的.

否则, 因为对任意 $c \in \mathbb{R}$ 有 $D_i(c) \neq 0$, 及 $M-2v=0$, 故由引理 4.3 知 $\mathcal{C}(x)$ 对任意 $c \in \mathbb{R}$ 都不变号. 因此系统 (4.1.2) 不是全局能控的. ∎

4.1.2 全局能控性的判别算法

首先我们计算判别式序列 $\{D_1(c), D_2(c), \cdots, D_M(c)\}$. 其次由 Sturm 定理或定理 1.37 判断 $D_i(c)$ 是否有实根. 如果所有 D_i 都没有实根, 即系统 (4.1.2) 是非敏感的, 我们可由推论 4.1 判定系统 (4.1.2) 的全局能控性. 这是最简单的情况.

下面我们讨论系统 (4.1.2) 是敏感的情形, 即某些 $D_i(c)$ 有实根.

令 $\mathrm{Zero}(D_i) \triangleq \{c \in \mathbb{R} : D_i(c)=0\}$ 和 $\mathrm{Zero}(D) \triangleq \bigcup_{i=1}^{M} \mathrm{Zero}(D_i)$.

第一步 隔离零点集合 Zero(D) 的所有点, 即求一系列互不相交的区间[1] $\{I_j\}$, 使得每一个区间都刚好包含集合 Zero(D) 的一个点, 且这些区间的并集 $\cup I_j$ 包含 Zero(D) 的所有点.

通过实根隔离算法, 我们得到一列互不相交的区间 $\{I_j\}$, 每个 I_j 刚好包含 Zero(D) 中的一个点. I_j 究竟包含哪个 $D_i(c)$ 的零点, 这可以通过 Sturm 定理逐一验证. 于是我们就知道在 I_j 内的那个零点上判别式序列 $\{D_1(c), D_2(c), \cdots, D_M(c)\}$ 中的元素是正, 是负还是零.

第二步 令 $\mathbb{R} \setminus \{\cup I_j\} = \cup N_k$, 其中 N_k 是互不相交的开区间. 在每一个 N_k 上, 所有 $D_i(c)$ 都不为零. 于是系统 (4.1.2) 在每一个 N_k 上是对全局能控性非敏感的. 现在 N_k 上任取一点 c_0, 再根据引理 4.3 判别判据多项式 $\mathcal{C}(x, c_0)$ 是否变号. 如果不变号, 则系统 (4.1.2) 不是全局能控的; 如果变号, 则 $\mathcal{C}(x,c)$ 对所有 $c \in N_k$ 都变号. 其实现在我们不仅解决了参数 c 在 N_k 内的变号问题, 实际上已解决了对所有在 $\mathbb{R} \setminus \mathrm{Zero}(D)$ 上的点 c, 判据多项式 $\mathcal{C}(x,c)$ 是否变号这个问题. 现在就对此结论做一个解释.

不妨设对 Zero(D) 刚好有两个隔离区间 $I_1=[\alpha,\beta]$, $I_2=[\gamma,\delta]$, 其中 $\beta<\gamma$, I_1 和 I_2 分别包含 Zero(D) 中的 c_1 和 c_2 两点. 在区间 (β,γ) (也就是某个开区间 N_k) 中取一点 θ, 然后判断判据多项式 $\mathcal{C}(x,\theta)$ 是否变号. 在区间 (c_1,c_2) 中任一点 c, 函数 $\mathcal{C}(x,c)$ 是否变号与在 θ 点是相同的, 因为它们的判别式序列的正负号是完全相同的. 因此对所有 c 在 $\mathbb{R} \setminus \mathrm{Zero}(D)$ 上的情形, 我们就判别了判据多项式 $\mathcal{C}(x,c)$ 是否变号.

现在就剩下 c 在 Zero(D) 上的情形. 我们在下面进一步讨论.

第三步 集合 Zero(D) 中只有有限个点, 恰有有限个隔离区间 I_j 把 Zero(D) 中的点一一隔离. 我们可以对区间 I_j 逐一讨论. 下面以区间 $I_1=[\alpha,\beta]$ 为例讨论. I_1 恰好包含 Zero(D) 中的一点 ξ, 但我们无法确定 ξ 的准确值.

---

[1] 这里的区间是闭区间或退化为只包含一个点的闭区间.

根据第一步, 我们知道判别式序列 $\{D_1(\xi), D_2(\xi), \cdots, D_M(\xi)\}$ 中的元素是正. 是负还是零.

第四步　假设 $D_1(\xi) \neq 0$.

由于 $D_1(\xi) = [r_M(\xi)]^2$, 故 $D_1(\xi) > 0$, $r_M(\xi) \neq 0$. 又由于 $D_2(\xi), \cdots, D_M(\xi)$ 中某些元素为零, 故需计算多项式 $\sum_{i=0}^{M} r_i(\xi)x^i + \epsilon$ 的 ϵ-判别式序列 $\{D_1(\xi,\epsilon), D_2(\xi,\epsilon), \cdots, D_M(\xi,\epsilon)\}$. 根据式 (4.1.8), 当 $i \leqslant \dfrac{M}{2}$ (M 为偶数) 时, $D_i(\xi,\epsilon)$ 是正、是负, 还是零, 不会随 ϵ 的微小改变而改变①.

下面以 $D_M(\xi,\epsilon)$ 为例, 说明如何当 ϵ 微小变化时, $D_M(\xi,\epsilon)$ 的符号如何改变. 把 $D_M(\xi,\epsilon)$ 改写为

$$D_M(\xi,\epsilon) = D_M(\xi) + \sum_{k=1}^{K_M} E_{M,k}(\xi)\epsilon^k \tag{4.1.9}$$

注意在式 (4.1.9) 中的 ξ 与算法 1 中的 c_0 是不同的. 算法 1 中 c_0 是一个已知确定的数字; 而在式 (4.1.9) 中 ξ 是一个确定的但不知其精确值的数字, 只知道 ξ 是集合 $\mathrm{Zero}(D)$ 落在区间 $I_1 = [\alpha, \beta]$ 内的唯一点.

由于 $D_M(c) = 0$ 的实根是 $\mathrm{Zero}(D)$ 的一个子集, 故可以通过 Sturm 定理判断 $D_M(\xi)$ 是否为零. 如果不为零, 则 $D_i(\xi,\epsilon)$ 是正、是负, 还是零, 不会随 ϵ 的微小改变而改变. 于是下面主要考虑 $D_M(\xi) = 0$ 情形. 现在问题的关键变为 $E_{M,1}(\xi)$ 是否为零.

注意多项式 $E_{M,1}(c)$ 在式 (4.1.8) 中已经求出. 现在主要是判断 $E_{M,1}(\xi)$ 是否为零. 如果 $E_{M,1}(\xi) = 0$, 则 $c - \xi$ 就是 $E_{M,1}(c)$ 与 $D_M(c)$ 的公因子. 我们可用辗转相除法求出它们的最大公因子 $\gcd(E_{M,1}(c), D_M(c))$, 记为 $g_{M,1}(c)$. 然后用 Sturm 定理判断 $g_{M,1}(\xi)$ 是否为零. 如果 $g_{M,1}(\xi)$ 为零, 则 $E_{M,1}(\xi) = 0$; 否则 $E_{M,1}(\xi) \neq 0$.

如果 $E_{M,1}(\xi) \neq 0$, 又因为 $D_M(\xi) = 0$, 故当 ϵ 发生微小改变时, $D_M(\xi,\epsilon)$ 的正负号就由 $E_{M,1}(\xi)$ 的正负号决定.

如果 $E_{M,1}(\xi) = 0$, 我们就按上面步骤进一步判断的 $E_{M,2}(\xi)$ 是否为零. 一直这样下去, 直到算出某一项 $E_{M,\mu}(\xi) \neq 0$, $1 \leqslant \mu \leqslant K_M$, 或者所有 $E_{M,\mu}(\xi) = 0$, $1 \leqslant \mu \leqslant K_M$. 不管哪种情况, 我们都能判断出当 ϵ 发生微小改变时, $D_M(\xi,\epsilon)$ 正负号的变化规律.

第五步　根据引理 4.2 和引理 4.3, 如果当 $\epsilon > 0$ 和 $\epsilon < 0$ 时, ϵ-判别式序列都有 $M - 2v > 0$, 则 $\mathcal{C}(x,\xi)$ 变号; 否则 $\mathcal{C}(x,\xi)$ 不变号.

---

① 若 M 为奇数, 则 $i \leqslant \dfrac{M-1}{2}$ 时, $D_i(\xi,\epsilon)$ 是正、是负, 还是零, 不会随 ϵ 的微小改变而改变. 然而此时判据多项式首项次数是奇数, 故直接可得到结论: 判据多项式变号.

综上, 对所有 $c \in \mathbb{R}$, 我们都能判断 $\mathcal{C}(x,c)$ 是否变号, 且判断都是基于多项式的计算, 总的计算步骤也是有限的.

最后, 我们可以把上面的内容总结为如下定理.

定理 4.1 令系统 (4.1.1) 满足假定 4.1, 则存在一个构造性的算法可以确定其全局能控性, 即系统的全局能控性能够由有限步算术运算验证.

例 4.1 考虑并励直流电机模型[26]:

$$
\begin{aligned}
\dot{x}_1 &= x_2 \\
\dot{x}_2 &= -d_1x_2 - d_2x_2x_3^2 + d_3x_3u - d_6\tau_L \\
\dot{x}_3 &= -d_4x_3 + d_5u
\end{aligned}
\tag{4.1.10}
$$

其中, $d_i, i = 1, 2, \cdots, 6$ 和 τ_L 都是正常数.

显然如果子系统:

$$
\begin{aligned}
\dot{x}_2 &= -d_1x_2 - d_2x_2x_3^2 + d_3x_3u - d_6\tau_L \\
\dot{x}_3 &= -d_4x_3 + d_5u
\end{aligned}
\tag{4.1.11}
$$

不是全局能控的, 则系统 (4.1.10) 不是全局能控的. 容易算出系统 (4.1.11) 的控制曲线为 $x_2 = dx_3^2 + c$, 其中, $d = \dfrac{d_3}{2d_5}$. 由此系统 (4.1.11) 的判据多项式为

$$
\begin{aligned}
\mathcal{C}(\boldsymbol{x}) &= -d_3d_4x_3^2 + d_5(d_1x_2 + d_2x_2x_3^2 + d_6\tau_L) \\
&= d_2d_5dx_3^4 + (-d_3d_4 + dd_1d_5 + d_2d_5c)x_3^2 \\
&\quad + (d_5d_6\tau_L + d_1d_5c) \\
&= x_3^4 + (e_1 + e_2c)x_3^2 + (e_3 + e_4c)
\end{aligned}
\tag{4.1.12}
$$

其中, $e_1 = \dfrac{-d_3d_4 + dd_1d_5}{d_2d_5d}, e_2 = \dfrac{d_2d_5}{d_2d_5d}, e_3 = \dfrac{d_5d_6\tau_L}{d_2d_5d}, e_4 = \dfrac{d_1d_5}{d_2d_5d}$.

现在我们计算出 $\mathcal{C}(\boldsymbol{x})$ 的判别式序列为

$$
\begin{aligned}
&4,\ -8(e_1+e_2c),\ -24(e_1+e_2c)^3 + 32(e_1+e_2c)(e_3+e_4c), \\
&-(e_3+e_4c)\{4[-4((e_1+e_2c)(4(e_1+e_2c)^3 - 8(e_1+e_2c)(e_3+e_4c)) + 4((e_3+e_4c)^2 \\
&-2(e_1+e_2c)^2(e_3+e_4c)) + 4(e_1+e_2c)^2(2(e_1+e_2c)^2 - 4(e_3+e_4c))] \\
&+16(e_1+e_2c)[(e_1+e_2c)^3 - (e_1+e_2c)(e_3+e_4c)]\}
\end{aligned}
$$

显然判别式序列的首项 (最高次项) 为

$$4, -8e_2c, -24e_2^3c^3, 16e_2^4e_4c^5$$

注意到 e_2 和 e_4 为正的, 只要 c 为足够大的正数, 容易知道判别式序列的符号为 $\{+,-,-,+\}$, 因此其变号数为 2. 根据引理 4.3, 当 c 是足够大的正数时, $\mathcal{C}(x)$ 不变号, 于是系统 (4.1.11) 不是全局能控的, 因此系统 (4.1.10) 也不是全局能控的. ■

4.2 高维情形

本节主要讨论 3.1.2 节中具有 $n-1$ 个控制的常控制向量场系统:

$$\dot{\boldsymbol{x}} = \boldsymbol{f}(\boldsymbol{x}) + \sum_{i=1}^{n-1} \boldsymbol{b}_i u_i, \quad \boldsymbol{x} \in \mathbb{R}^n \tag{4.2.1}$$

其中, $\boldsymbol{b}_i$, $i = 1, 2, \cdots, n-1$ 线性无关. 此系统的全局能控性已经在 3.1.2 节中解决. 这里主要讨论当 $\boldsymbol{f}(\boldsymbol{x})$ 是多项式向量场时, 如何给出具体的算法来判断其全局能控性.

我们可以通过一个非奇异线性变换把系统 (4.2.1) 化为下面等价系统:

$$\begin{aligned} \dot{x} &= f(x, y_1, y_2, \cdots, y_{n-1}) \\ \dot{y}_1 &= v_1 \\ \dot{y}_2 &= v_2 \\ &\vdots \\ \dot{y}_{n-1} &= v_{n-1} \end{aligned} \tag{4.2.2}$$

其中, $f(x, y_1, \cdots, y_{n-1})$ 是 n 元多项式函数, $v_1, v_2, \cdots, v_{n-1}$ 是控制输入函数.

于是系统 (4.2.2) 的全局能控性等价于对每一个固定的 $x \in \mathbb{R}$, 判据多项式函数 $f(x, y_1, y_2, \cdots, y_{n-1})$ 变号.

对一般的多项式 $f(x, y_1, y_2, \cdots, y_{n-1})$, 判断其在每一个 $x \in \mathbb{R}$ 是否变号的算法比较复杂, 因此本节中我们只考虑 f 具有二次型形式的 $f(x, y_1, y_2, \cdots, y_{n-1})$, 表示为

$$f(x, y_1, y_2, \cdots, y_{n-1}) = \sum_{i,j=1}^{n-1} a_{i,j}(x) y_i y_j \tag{4.2.3}$$

其中, $a_{i,j}(x)=a_{j,i}(x)$ 是 x 的单变量多项式. 于是令

$$\boldsymbol{A}(x)=\begin{pmatrix} a_{11}(x) & a_{12}(x) & \cdots & a_{1,n-1}(x) \\ a_{12}(x) & a_{22}(x) & \cdots & a_{2,n-1}(x) \\ \vdots & \vdots & & \vdots \\ a_{1,n-1}(x) & a_{2,n-1}(x) & \cdots & a_{n-1,n-1}(x) \end{pmatrix}_{(n-1)\times(n-1)} \tag{4.2.4}$$

定理 4.2 令多项式 $f(x,y_1,y_2,\cdots,y_{n-1})$ 为具有如式 (4.2.3) 中的二次型结构. 则当 x 固定时, $f(x,y_1,y_2,\cdots,y_{n-1})$ 变号当且仅当矩阵 $\boldsymbol{A}(x)$ 至少具有一个正特征值和一个负特征值, 也即系统 (4.2.2) 全局能控当且仅当对所有 x, 矩阵 $\boldsymbol{A}(x)$ 至少具有一个正特征值和一个负特征值.

证明 我们有 $f(x,y_1,y_2,\cdots,y_{n-1})=(y_1,y_2\cdots,y_{n-1})\boldsymbol{A}(x)(y_1,y_2\cdots,y_{n-1})^{\mathrm{T}}$. 因为 $\boldsymbol{A}(x)$ 是实对称矩阵, 故 $\boldsymbol{A}(x)$ 的所有特征根是实的. 因此我们有

$$f(x,y_1,y_2,\cdots,y_{n-1})=\sum_{i=1}^{n-1}\lambda_i(x)z_i^2 \tag{4.2.5}$$

其中, $\lambda_i(x)$ 是 $\boldsymbol{A}(x)$ 的特征值. 令 $(z_1,z_2,\cdots,z_{n-1})^{\mathrm{T}}=\boldsymbol{P}(x)(y_1,y_2\cdots,y_{n-1})^{\mathrm{T}}$, 其中 $\boldsymbol{P}(x)$ 为非奇异矩阵. 如果 $\boldsymbol{A}(x)$ 至少有一个正特征值和一个负特征值, 则 f 的值域是实数, 显然 $f(x,y_1,y_2,\cdots,y_{n-1})$ 变号. 否则, 如果 $\boldsymbol{A}(x)$ 的所有特征值都是非负或非正, 则对任意 $(y_1,y_2\cdots,y_{n-1})$ 有 $f\leqslant 0$ 或 $f\geqslant 0$, 这样 $f(x,y_1,y_2,\cdots,y_{n-1})$ 不变号.

最后根据定理 3.1 可知系统 (4.2.2) 全局能控当且仅当矩阵 $\boldsymbol{A}(x)$ 至少具有一个正特征值和一个负特征值. ■

下面我们给出判断矩阵 $\boldsymbol{A}(x)$ 是否至少具有一个正特征值和一个负特征值的算法.

第一步 计算矩阵 $\boldsymbol{A}(x)$ 的特征多项式. 令 $\boldsymbol{A}(x)$ 的特征多项式为

$$\lambda^{n-1}+\sum_{i=0}^{n-2}p_i(x)\lambda^i \tag{4.2.6}$$

其中, $p_i(x)$ 是 x 的单变量多项式. 由于 $\boldsymbol{A}(x)$ 的所有特征值均为实数, 故可以根据定理 1.35 计算矩阵 $A(x)$ 的正特征值个数. 由于零特征值很容易判断其个数, 故负特征值个数也很容易得到.

第二步 判断 $p_i(x)$ 是否有实根. 这可以根据 Sturm 定理来判断. 如果所有 $p_i(x)$ 都没有实根, 则所有 $p_i(x)$ 的正负号都能确定, 即 $p_i(x)>0$ 还是 $p_i(x)<0$.

根据定理 1.35, 可算出 $\boldsymbol{A}(x)$ 的实特征值个数. 由 $p_0(x) \neq 0$, 可知零不是特征值. 于是 $\boldsymbol{A}(x)$ 的负特征值个数也能确定. 然后由定理 4.2, 就能判断系统 (4.2.2) 是否全局能控.

如果部分 $p_i(x)$ 有实根, 我们在下一步讨论.

第三步　判断 $p_i(x)$ 是否有实根. 然而此时某些 $p_i(x)$ 有实根.

令 $\operatorname{Zero}(p_i) \triangleq \{x \in \mathbb{R} : p_i(x) = 0\}$ 和 $\operatorname{Zero}(p) \triangleq \bigcup_{i=0}^{n-2} \operatorname{Zero}(p_i)$. 然后隔离零点集 $\operatorname{Zero}(p)$, 也即求一列互不相交的区间[①], 使得每个区间刚好包含集合 $\operatorname{Zero}(p)$ 中的一个点, 所有这些区间包含整个零点集 $\operatorname{Zero}(p)$. 记这些互不相交的区间为 $\{I_i\}$. 再令 $\mathbb{R} \setminus \{\cup I_i\} = \cup N_j$, 其中 N_j 是互不相交的开区间.

下面逐一分析在 $x \in N_j$ 时, $\boldsymbol{A}(x)$ 正特征根的个数. 现在以 N_j 为例. 由于对任意 $x \in N_j$ 时, 所有 $p_i(x)$ 均非零, 故可以在 N_j 中任取一点 ξ, 这时 ξ 是一个已知确定的数, 于是所有 $p_i(\xi)$ 的正负号都能确定. 这样根据定理 1.35 就可以计算矩阵 $\boldsymbol{A}(\xi)$ 的正特征值个数. 根据定理 4.2, 就可以判断当 $x \in N_j$ 时, $f(x, y_1, y_2, \cdots, y_{n-1})$ 是否变号. 其实现在已解决了对所有在 $\mathbb{R} \setminus \operatorname{Zero}(p)$ 上的点 x, $f(x, y_1, y_2, \cdots, y_{n-1})$ 是否变号这个问题. 下面对此做进一步解释.

不妨设对 $\operatorname{Zero}(p)$ 刚好有两个隔离区间 $I_1 = [\alpha, \beta]$, $I_2 = [\gamma, \delta]$, 其中 $\beta < \gamma$, I_1 和 I_2 分别包含 $\operatorname{Zero}(p)$ 中的 ξ_1 和 ξ_2 两点. 当然我们不知道 ξ_1 和 ξ_2 的准确值. 可在区间 (β, γ) (也就是某个 N_j) 中取一点 ξ, 然后判断矩阵 $\boldsymbol{A}(\xi)$ 正特征值个数. 在区间 (ξ_1, ξ_2) 中任一点 θ, 矩阵 $\boldsymbol{A}(\theta)$ 的正特征值个数与在 ξ 点的个数是相同的, 因为它们系数序列的正负号是完全相同的. 因此对所有 x 在 $\mathbb{R} \setminus \operatorname{Zero}(p)$ 上的情形, 我们就能计算出矩阵 $\boldsymbol{A}(x)$ 正特征值的个数.

现在就剩下 x 在 $\operatorname{Zero}(p)$ 上的情形. 我们对每一个隔离区间 I_i 分别讨论. 下面以 I_1 为例.

假设 $I_1 = [\alpha, \beta]$ 刚好包含 $\operatorname{Zero}(p)$ 中的一个点 ξ_1. 虽然不知道 ξ_1 的准确值, 但可由 Sturm 定理判断是否 $p_i(\xi_1) = 0$. 如果 $p_i(\xi_1) \neq 0$, 则 $p_i(\xi_1)$ 的正负号与 $p_i(\alpha)$ 相同. 这样就知道了所有 $p_i(\xi_1)$ 是正、是负还是零. 最后根据定理 1.35 就可以计算矩阵 $\boldsymbol{A}(\xi_1)$ 的正特征值个数.

综上, 对所有 $x \in \mathbb{R}$, 我们都能判断 $\boldsymbol{A}(x)$ 正特征值的个数, 且判断都是基于多项式的计算, 总的计算步骤也是有限的. 最后根据定理 4.2 可判断系统 (4.2.2) 的全局能控性.

定理 4.3　*如果 $f(x, y_1, y_2, \cdots, y_{n-1})$ 是形如式 (4.2.3) 中的二次型形式, 则系统 (4.2.2) 的全局能控性可由有限步算术运算确定, 即存在一个构造性的算法确定系统 (4.2.2) 的全局能控性.*

---

① 这些区间都是闭区间, 或退化为一个点的闭区间.

注 4.1 上面的算法稍微改进一下也可以处理下面情形:

$$f(x,y_1,\cdots,y_{n-1})=(y_1,\cdots,y_{n-1})\boldsymbol{A}(x)(y_1,\cdots,y_{n-1})^{\mathrm{T}}+a_{0,0}(x)$$

其中, $a_{0,0}(x)$ 是单变量多项式. 在此情形中我们只需要增加一个步骤判断当 $\boldsymbol{A}(x)$ 的特征值都是非正或非负时, $a_{0,0}(x)$ 的正负号.

例 4.2 考虑下面系统:

$$\begin{aligned}\dot{x}=&u_1\\\dot{y}=&u_2\\\dot{z}=&a(z)x^2+2b(z)xy+c(z)y^2\end{aligned}\tag{4.2.7}$$

其中, $a(z),b(z),c(z)$ 是单变量多项式.

根据定理 4.2, 系统 (4.2.7) 的全局能控性等价于对任意 $z\in\mathbb{R}$, 矩阵 $\boldsymbol{A}=\begin{pmatrix}a(z)&b(z)\\b(z)&c(z)\end{pmatrix}$ 刚好有一个正特征值和一个负特征值, 即对任意 $z\in\mathbb{R}$, 有 $a(z)c(z)-b^2(z)<0$. 这很容易由 Sturm 定理得到. ■

例 4.3 考虑下面四维系统:

$$\begin{aligned}\dot{x}&=xy_1^2+(x+1)y_2^2+(x+2)y_3^2+2\sqrt{6}y_1y_2\\\dot{y}_1&=u_1\\\dot{y}_2&=u_2\\\dot{y}_3&=u_3\end{aligned}\tag{4.2.8}$$

矩阵 $\boldsymbol{A}(x)=\begin{pmatrix}x&\sqrt{6}&0\\\sqrt{6}&x+1&0\\0&0&x+2\end{pmatrix}$ 的特征多项式为 $\det[\lambda\boldsymbol{I}-\boldsymbol{A}(x)]=\lambda^3+(-3x-3)\lambda^2+(3x^2+6x-4)\lambda+(-x^3-3x^2+4x+12)$.

下面我们隔离系数序列 $\{1,-3x-3,3x^2+6x-4,-x^3-3x^2+4x+12\}$ 中多项式的实根. 凑巧这里的实根都能求出准确值, 因此我们就用求根代替实根隔离. 这些实根为 $\{-1,-1\pm2\sqrt{7/3},\pm2,-3\}$. 我们把这些实根从小到大排成一列 $\{-1-2\sqrt{7/3},-3,-2,-1,2,-1+2\sqrt{7/3}\}$, 并做如下表格:

		$-1-2\sqrt{\frac{7}{3}}$		-3		-2		-1		2		$-1+2\sqrt{\frac{7}{3}}$	
1	+	+	+	+	+	+	+	+	+	+	+	+	+
$a_2(x)$	+	+	+	+	+	+	+	0	−	−	−	−	−
$a_1(x)$	+	0	−	−	−	−	−	−	−	−	−	0	+
$a_0(x)$	+	+	+	0	−	0	+	+	+	0	−	−	−
正根数	0	0	2	1	1	1	2	2	2	1	1	1	3
负根数	3	3	1	1	2	1	1	1	1	1	2	2	0

其中, $a_2(x)=-3x-3, a_1(x)=3x^2+6x-4, a_0(x)=-x^3-3x^2+4x+12$.

若 $x<-1-2\sqrt{7/3}$, 则从该表中对应的变号数, 由定理 1.35 知矩阵 $\boldsymbol{A}(x)$ 不存在正特征值. 显然由于 $a_0(x)>0$, 故零不是特征值. 因此当 $x<-1-2\sqrt{7/3}$ 时, $\boldsymbol{A}(x)$ 有三个特征值.

其他情形可以类似处理. 例如, 当 $x=-3$ 时, 由定理 1.35 知矩阵 $\boldsymbol{A}(x)$ 有一个正特征值; 又由于 $a_0(-3)=0$ 但 $a_1(-3)\neq 0$, 故零是单重特征值. 因此当 $x=-3$ 时, $\boldsymbol{A}(x)$ 有一个正特征值、一个负特征值和一个零特征值.

根据该表中的数据, 可知当 $x\in(-\infty,-1-2\sqrt{7/3}]$ 时, 矩阵 $\boldsymbol{A}(x)$ 没有正实根; 当 $x\in(-1+2\sqrt{7/3},+\infty)$ 时没有负特征值. 再由定理 4.2 知系统 (4.2.8) 不是全局能控的. ■

4.3　两个杂例

从前面章节可看出, 把前面非线性系统全局能控性的相关结论推广到高维时具有很大的困难和挑战. 主要困难在于当余维多的时候, 轨线可能的走向也很多, 不容易从总体上把握或控制轨线的走向. 本节介绍两个特殊的多项式系统, 从中也可看出高维非线性系统全局能控性的复杂性.

4.3.1　三维情形

本节考虑下面三阶单输入仿射非线性系统的全局能控性:

$$\begin{aligned}\dot{x}_1&=f(x_2,x_3)x_3+g(x_2,x_3)u\\ \dot{x}_2&=x_3\\ \dot{x}_3&=u\end{aligned}\tag{4.3.1}$$

其中, $f(x_2,x_3)$ 和 $g(x_2,x_3)$ 是 (x_2,x_3) 的局部 Lipschitz 函数, u 是控制输入.

注意到系统 (4.3.1) 的子系统:

$$\dot{x}_2 = x_3$$
$$\dot{x}_3 = u \tag{4.3.2}$$

是线性且能控的. 因此对 x_2-x_3 平面上的任意两点 $(x_2^0, x_3^0)^{\mathrm{T}}$ 和 $(x_2^1, x_3^1)^{\mathrm{T}}$, 存在时间 $T>0$ 和定义在 $[0,T]$ 上的控制 $u(t)$ 使得系统 (4.3.2) 的轨线从点 $(x_2^0, x_3^0)^{\mathrm{T}}$ 出发在 T 时刻到达点 $(x_2^1, x_3^1)^{\mathrm{T}}$. 令 C 表示这条在 x_2-x_3 平面上的轨线, 如图 4.1 所示.

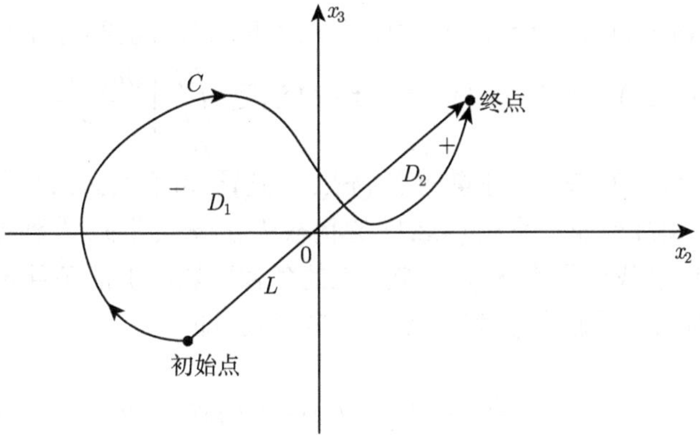

图 4.1 有向闭曲线 $C-L$

现在计算在上述控制 $u(t)$ 下系统的状态分量 x_1 的改变量 $x_1^1 - x_1^0$. 由格林公式可知

$$\begin{aligned}
& x_1^1 - x_1^0 \\
= & \int_0^T [f(x_2,x_3)x_3 + g(x_2,x_3)u]\mathrm{d}t \\
= & \int_C f(x_2,x_3)\mathrm{d}x_2 + g(x_2,x_3)\mathrm{d}x_3 \\
= & \pm\iint\limits_D \left[\frac{\partial g(x_2,x_3)}{x_2} - \frac{\partial f(x_2,x_3)}{x_3}\right]\mathrm{d}x_2\mathrm{d}x_3 \\
& + \int_L f(x_2,x_3)\mathrm{d}x_2 + g(x_2,x_3)\mathrm{d}x_3
\end{aligned} \tag{4.3.3}$$

其中, L 表示从点 $(x_2^0, x_3^0)^{\mathrm{T}}$ 到点 $(x_2^1, x_3^1)^{\mathrm{T}}$ 的有向直线段, D 表示轨线 C 和直线段 L 所围的区域. 令 $C-L$ 表示沿轨线 C 从 $(x_2^0, x_3^0)^{\mathrm{T}}$ 到 $(x_2^1, x_3^1)^{\mathrm{T}}$, 再沿直线段

L 回到 $(x_2^0, x_3^0)^{\mathrm{T}}$ 形成的有向闭曲线. 在式 (4.3.3) 中二重积分符号前的正负号由有向闭曲线 $C-L$ 的方向是顺时针还是逆时针决定 (图 4.1).

例如, 假设轨线 C 如图 4.1 中所示. 我们有

$$\pm\iint\limits_{D} *\mathrm{d}x_2\mathrm{d}x_3 = -\iint\limits_{D_1} *\mathrm{d}x_2\mathrm{d}x_3 + \iint\limits_{D_2} *\mathrm{d}x_2\mathrm{d}x_3$$

其中, "$*$" 表示函数 $\dfrac{\partial g(x_2,x_3)}{x_2} - \dfrac{\partial f(x_2,x_3)}{x_3}$.

如果系统 (4.3.1) 全局能控, 则对任意 $r_0 \in \mathbb{R}$, 我们能找到控制 $u(t)$ 使得子系统 (4.3.2) 从 $(x_2^0, x_3^0)^{\mathrm{T}}$ 到 $(x_2^1, x_3^1)^{\mathrm{T}}$ 的轨线 C 满足 $\iint\limits_{D}\left[\dfrac{\partial g(x_2,x_3)}{x_2} - \dfrac{\partial f(x_2,x_3)}{x_3}\right]$ $\mathrm{d}x_2\mathrm{d}x_3 = r_0$. 反之, 对 $\mathbb{R}^3$ 中任意两点 $(x_1^0, x_2^0, x_3^0)^{\mathrm{T}}$ 和 $(x_1^1, x_2^1, x_3^1)^{\mathrm{T}}$, 令 $r_0 = x_1^1 - x_1^0$, 则上面控制 $u(t)$ 能驱动系统 (4.3.1) 的状态从点 $(x_1^0, x_2^0, x_3^0)^{\mathrm{T}}$ 到点 $(x_1^1, x_2^1, x_3^1)^{\mathrm{T}}$.

现在我们似乎找到了系统全局能控性的条件. 然而上面条件过于空泛, 实际上没法应用. 因此下面假设 f 和 g 是二次多项式, 即

$$\begin{aligned} f(x_2,x_3) &= a_{20}x_2^2 + 2a_{11}x_2x_3 + a_{02}x_3^2 + a_{10}x_2 + a_{01}x_3 + a_{00} \\ g(x_2,x_3) &= b_{20}x_2^2 + 2b_{11}x_2x_3 + b_{02}x_3^2 + b_{10}x_2 + b_{01}x_3 + b_{00} \end{aligned} \tag{4.3.4}$$

其中, a_{ij}, b_{ij} 是实常数. 这样我们有下面定理.

定理 4.4　令 f 和 g 是二次多项式. 则系统 (4.3.1) 全局能控的充要条件为 $(b_{20}-a_{11})^2 + (b_{11}-a_{02})^2 \neq 0$, 即 $b_{20} \neq a_{11}$ 或 $b_{11} \neq a_{02}$.

证明　首先用反证法证明定理 4.4 的必要性.

假设 $b_{20} = a_{11}$ 和 $b_{11} = a_{02}$, 但系统 (4.3.1) 是全局能控的. 则由式 (4.3.3) 我们有

$$\begin{aligned} & x_1(T) - x_1(0) \\ &= \pm\iint\limits_{D}\left[\frac{\partial g(x_2,x_3)}{x_2} - \frac{\partial f(x_2,x_3)}{x_3}\right]\mathrm{d}x_2\mathrm{d}x_3 + * \\ &= \pm\iint\limits_{D}(b_{10}-a_{01})\mathrm{d}x_2\mathrm{d}x_3 + * \end{aligned} \tag{4.3.5}$$

其中, "$*$" 表示 $\displaystyle\int_L f(x_2,x_3)\mathrm{d}x_2 + g(x_2,x_3)\mathrm{d}x_3$.

我们注意到对于子系统 (4.3.2), 如果其出发点和终点是相同的, 则轨线一定是顺时针的, 因为子系统的系统向量场 $\begin{cases} \dot{x}_2 = x_3 \\ \dot{x}_3 = 0 \end{cases}$ 在上半平面是从左往右走, 在下半平面是从右往左走, 如图 4.2 所示.

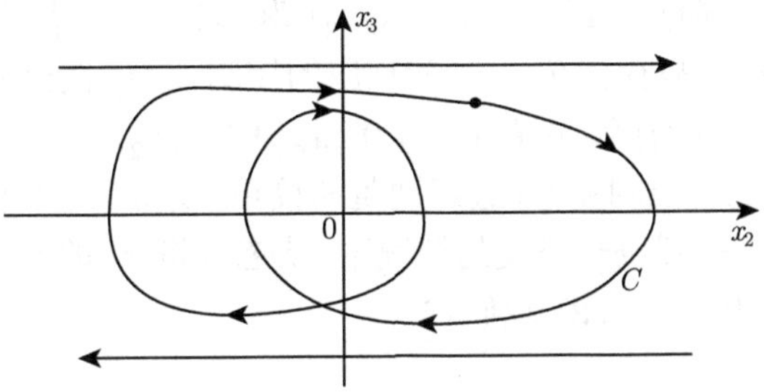

图 4.2 系统 (4.3.2) 的闭轨线按顺时针方向走

不失一般性, 我们假设 $\Lambda = b_{10} - a_{01} > 0$. 对初始点 $(x_1^0, x_2^0, x_3^0) = (0, 0, 0)$ 和终点 $(x_1^1, x_2^1, x_3^1) = (1, 0, 0)$, 根据系统 (4.3.1) 是全局能控的假设, 存在一个控制 $u(t)$ 驱动系统 (4.3.1) 的状态从点 $(0, 0, 0)$ 出发在时刻 $T > 0$ 到达点 $(1, 0, 0)$. 根据上面讨论, 我们有子系统 (4.3.2) 在平面 x_2-x_3 上的轨线 $(x_2(t), x_3(t)), t \in [0, T]$ 一定是顺时针的, 如图 4.3 所示.

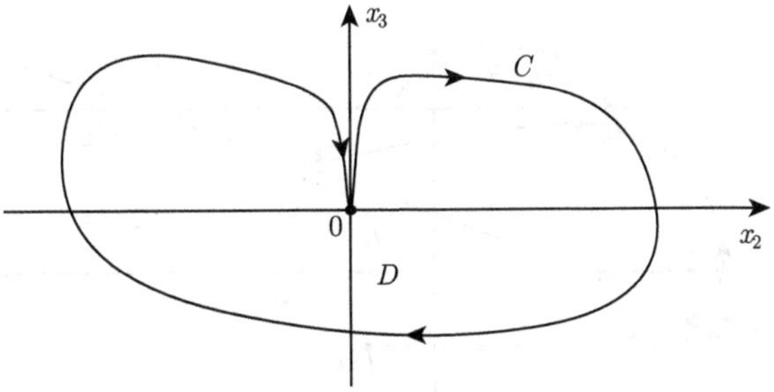

图 4.3 子系统的轨线

因此

$$\begin{aligned} x_1^1 - x_1^0 &= 1 \\ &= -\iint\limits_D \Lambda \mathrm{d}x_2 \mathrm{d}x_3 = -\Lambda S(D) \end{aligned} \tag{4.3.6}$$

其中, $S(D)$ 表示区域 D 的面积. 显然, $-\Lambda S(D)$ 为负数或零, 不可能为正数. 这说明了系统 (4.3.1) 不是全局能控的. 定理的必要性证明完毕.

下面证明定理 4.4 的充分性. 主要是对各种情况分别讨论.

令 $\alpha = b_{20} - a_{11}$ 和 $\beta = b_{11} - a_{02}$.

情形 1 $\alpha \neq 0$ 且 $\beta \neq 0$. 不失一般性, 假设 $\alpha > 0$ 和 $\beta > 0$.

对 $\mathbb{R}^3$ 中的任意两点 $\boldsymbol{X}^1 = (x_1^1, x_2^1, x_3^1)$ 和 $\boldsymbol{X}^2 = (x_1^2, x_2^2, x_3^2)$, 由于子系统 (4.3.2) 是全局能控的, 故存在 $T_1 > 0$ 和相应的控制 $u_1(t)$ 使得系统 (4.3.1) 的轨线 $\boldsymbol{X}(t) = (x_1(t), x_2(t), x_3(t))$ 满足条件 $(x_2(0), x_3(0)) = (x_2^1, x_3^1)$ 和 $(x_2(T_1), x_3(T_1)) = (x_2^2, x_3^2)$. 下面主要是对控制 $u_1(t)$ 进行调整和校正, 使得在 $(x_2(0), x_3(0)) = (x_2^1, x_3^1)$ 和 $(x_2(T_1), x_3(T_1)) = (x_2^2, x_3^2)$ 不变的情况下, 状态分量 x_1 的变化满足给定的要求.

对分量 $x_1(t)$, 由式 (4.3.3) 我们有

$$\begin{aligned} x_1(T_1) - x_1(0) &= x_1(T_1) - x_1^1 \\ &= \pm 2 \iint_D (\alpha x_2 - \beta x_3 + \lambda) \mathrm{d}x_2 \mathrm{d}x_3 + \Theta \end{aligned} \tag{4.3.7}$$

其中, $\lambda = \dfrac{\Lambda}{2}$, $\Theta = \displaystyle\int_L f(x_2, x_3)\mathrm{d}x_2 + g(x_2, x_3)\mathrm{d}x_3$, L 是在 x_2-x_3 平面上从 $p_1 = (x_2^1, x_3^1)^{\mathrm{T}}$ 到 $p_2 = (x_2^2, x_3^2)^{\mathrm{T}}$ 的有向直线段, D 为由 L 和子系统 (4.3.2) 的轨线 C 所围的区域, 如图 4.4 所示.

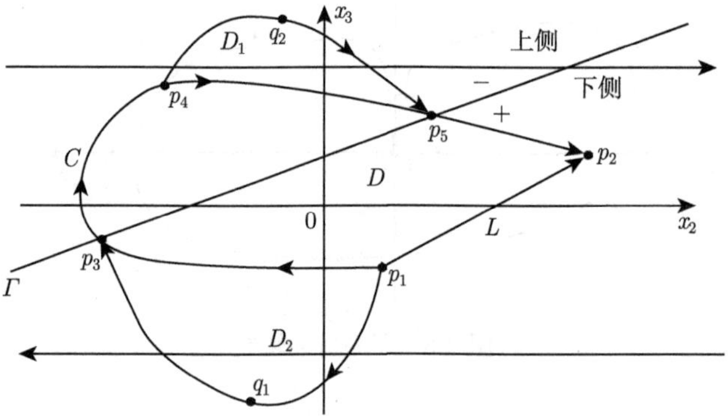

图 4.4 $\alpha > 0$ 和 $\beta > 0$

显然 Θ 依赖 $\boldsymbol{X}^1$ 和 $\boldsymbol{X}^2$ 两点. 一旦 $\boldsymbol{X}^1$ 和 $\boldsymbol{X}^2$ 确定, 则 Θ 也确定. 令 Γ 表示在 x_2-x_3 平面上的直线 $\{(x_2, x_3) | \alpha x_2 - \beta x_3 + \lambda = 0\}$ (图 4.4).

由于有向闭曲线 $C - L$ 是顺时针的, 于是方程 (4.3.7) 变为

$$x_1(T_1) - x_1^1 = -2 \iint_D (\alpha x_2 - \beta x_3 + \lambda) \mathrm{d}x_2 \mathrm{d}x_3 + \Theta \tag{4.3.8}$$

显然不会刚好有 $x_1(T_1) = x_1^2$. 一般来说 $x_1(T_1) \neq x_1^2$. 如果我们希望系统 (4.3.1) 是全局能控的, 也就是能有 $x_1(T) = x_1^2$, 根据式 (4.3.8), 唯一的方法就是改变子系统 (4.3.2) 轨线 $C - L$ 形成的区域 D.

我们注意到 Γ 把 x_2-x_3 平面分为上侧 $\{(x_2, x_3) | \alpha x_2 - \beta x_3 + \lambda < 0\}$ 和下侧 $\{(x_2, x_3) | \alpha x_2 - \beta x_3 + \lambda > 0\}$ (图 4.4). 不失一般性, 我们假设轨线 C 为 $\overrightarrow{p_1p_3p_4p_5p_2}$, 其中, p_3 和 p_5 在 Γ 上 (图 4.4). 现在我们利用 2.1.2 小节式 (2.1.6) ~ 式 (2.1.8) 的技巧, 可以找到一个新的控制 $u_2(t)$ 使得子系统 (4.3.2) 的轨线从 p_4 出发经过 q_2 到达 p_5 (图 4.4). 这样原来的区域 D 就扩大了, 增加了一块 D_1 部分.

于是子系统 (4.3.2) 修正过的轨线 $C_1 : \overrightarrow{p_1p_3p_4q_2p_5p_2}$ 和 L 一起包围区域 D 和 D_1. 再令 T_2 表示修正过的轨线到达 p_2 时间. 我们有

$$\begin{aligned} x_1(T_2) - x_1^1 = &-2 \iint_D (\alpha x_2 - \beta x_3 + \lambda) \mathrm{d}x_2 \mathrm{d}x_3 \\ &- 2 \iint_{D_1} (\alpha x_2 - \beta x_3 + \lambda) \mathrm{d}x_2 \mathrm{d}x_3 + \Theta \end{aligned} \tag{4.3.9}$$

由于在 Γ 的上侧 $\alpha x_2 - \beta x_3 + \lambda < 0$, 不难证明对任意 $M > 0$, 存在子系统 (4.3.2) 的一条合适的轨线 $\overrightarrow{p_4q_2p_5}$ 使得

$$-2 \iint_{D_1} (\alpha x_2 - \beta x_3 + \lambda) \mathrm{d}x_2 \mathrm{d}x_3 > M \tag{4.3.10}$$

其中, D_1 是闭曲线 $\overrightarrow{p_4q_2p_5p_4}$ 所围区域 (图 4.4).

类似地, 由于在 Γ 下侧 $\alpha x_2 - \beta x_3 + \lambda > 0$, 存在子系统 (4.3.2) 的修正轨线 $\overrightarrow{p_1q_1p_3}$ 使得

$$-2 \iint_{D_2} (\alpha x_2 - \beta x_3 + \lambda) \mathrm{d}x_2 \mathrm{d}x_3 < -M \tag{4.3.11}$$

其中, D_2 是闭曲线 $\overrightarrow{p_1q_1p_3p_1}$ 所围区域 (图 4.4).

显然子系统 (4.3.2) 从 p_1 到 p_2 的轨线是可以连续地被修正, 因此积分 $\iint_D (\alpha x_2 - \beta x_3 + \lambda) \mathrm{d}x_2 \mathrm{d}x_3$ 也能随着区域 D 的变化连续地变化.

因此对于 $x_1^2 - x_1^1$, 可以找到一个新控制 $u(t)$ 使得子系统 (4.3.2) 从 p_1 到 p_2 的新轨线 $\overline{C}$ 满足

$$-2\iint_{\overline{D}}(\alpha x_2 - \beta x_3 + \lambda)\mathrm{d}x_2\mathrm{d}x_3 + \Theta = x_1^2 - x_1^1$$

其中, $\overline{D}$ 是被 $\overline{C} - L$ 所围的区域, 即 $\overline{D}$ 等同于图 4.4中 $D \cup D_1$ 或 $D \cup D_2$. 由此系统 (4.3.1) 是全局能控的, $u(t)$ 就是我们所要求的控制.

情形 2　$\alpha = 0$ 和 $\beta \neq 0$. 不失一般性, 我们假设 $\beta > 0$.

如图 4.5 所示, 利用情形 1 中的方法可以证明系统 (4.3.1) 也是全局能控的.

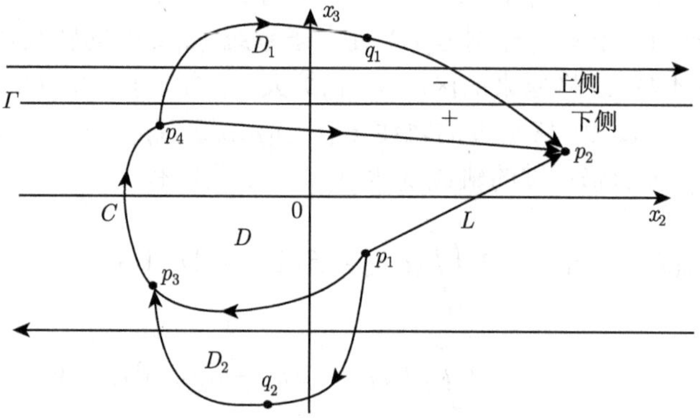

图 4.5　$\alpha = 0$ 和 $\beta > 0$

情形 3　$\alpha \neq 0$ 和 $\beta = 0$. 不失一般性我们假设 $\alpha > 0$.

在此情形直线 $\Gamma = \{(x_2, x_3)|\alpha x_2 + \lambda = 0\}$ 是垂直的. 在 Γ 的左侧 $\alpha x_2 + \lambda < 0$, 在 Γ 的右侧 $\alpha x_2 + \lambda > 0$, 如图 4.6 所示.

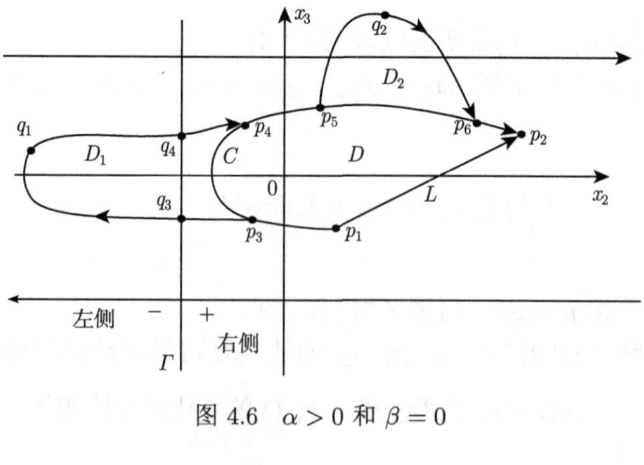

图 4.6　$\alpha > 0$ 和 $\beta = 0$

类似情形 1, 我们可以在 p_3 和 p_4 之间, 用曲线 $\overrightarrow{p_3q_3q_1q_4p_4}$ 修正子系统 (4.3.2) 轨线 $C:\overrightarrow{p_1p_3p_4p_5p_6p_2}$ 的对应部分 (图 4.6). 这样能够改变区域 D 的大小, 进而可以改变积分

$$-\iint\limits_D(\alpha x_2-\beta x_3+\lambda)\mathrm{d}x_2\mathrm{d}x_3$$

通过进一步修正在 $\varGamma$ 左侧的部分曲线 $\overrightarrow{q_3q_1q_4}$, 我们可以连续地增大积分

$$-\iint\limits_D(\alpha x_2-\beta x_3+\lambda)\mathrm{d}x_2\mathrm{d}x_3$$

且使得该积分趋于无穷.

类似地, 我们可以用曲线 $\overrightarrow{p_5q_2p_6}$ 修正轨线 C 在 p_5 和 p_6 之间的部分 (图 4.6). 这个在 $\varGamma$ 右侧部分的修正可以连续地减小积分

$$-\iint\limits_D(\alpha x_2-\beta x_3+\lambda)\mathrm{d}x_2\mathrm{d}x_3$$

且使得该积分趋于负无穷. 最后类似情形 1 的推理, 系统 (4.3.1) 是全局能控的.

综上, 系统 (4.3.1) 是全局能控的. 这就完成了定理 4.4 的证明. ■

推论 4.2 *如果 f 和 g 是一次函数, 即 $f(x_2,x_3)=a_{10}x_2+a_{01}x_3+a_{00}$ 和 $g(x_2,x_3)=b_{10}x_2+b_{01}x_3+b_{00}$, 则系统 (4.3.1) 不是全局能控的.*

例 4.4 考虑下面三阶线性系统:

$$\begin{aligned}\dot{x}_1&=ax_3+bu\\ \dot{x}_2&=x_3\\ \dot{x}_3&=u\end{aligned}\tag{4.3.12}$$

其中, 常数 $a,b\in\mathbb{R}$.

根据推论 4.2, 系统 (4.3.12) 不是全局能控的, 这与线性系统能控性判据一致. 因为此时系统的能控性判据矩阵 $\mathrm{Rank}\ [\boldsymbol{B},\boldsymbol{AB},\boldsymbol{A}^2\boldsymbol{B}]=\mathrm{Rank}\begin{bmatrix}b&a&0\\0&1&0\\1&0&0\end{bmatrix}=2<3$, 即系统不能控. ■

例 4.5 考虑下面非线性系统:

$$\dot{x}_1=ax_3^3+bu$$

$$\dot{x}_2 = x_3 \qquad (4.3.13)$$
$$\dot{x}_3 = u$$

其中, $a \neq 0$, $b \in \mathbb{R}$.

根据定理 4.4, 系统 (4.3.13) 是全局能控的. ■

4.3.2 四维情形

本节我们考虑把 4.3.1 节的结果推广到下面四阶单输入仿射非线性控制系统:

$$\begin{aligned}
\dot{x}_1 &= f_1(x_3, x_4)x_4 + g_1(x_3, x_4)u \\
\dot{x}_2 &= f_2(x_3, x_4)x_4 + g_2(x_3, x_4)u \\
\dot{x}_3 &= x_4 \\
\dot{x}_4 &= u
\end{aligned} \qquad (4.3.14)$$

其中, u 是控制输入, f_i, g_i, $i = 1, 2$ 是二次多项式, 即

$$f_i(x_3, x_4) = a_{i,20}x_3^2 + 2a_{i,11}x_3x_4 + a_{i,02}x_4^2 + a_{i,10}x_3 + a_{i,01}x_4 + a_{i,00}$$
$$g_i(x_3, x_4) = b_{i,20}x_3^2 + 2b_{i,11}x_3x_4 + b_{i,02}x_4^2 + b_{i,10}x_3 + b_{i,01}x_4 + b_{i,00}$$

其中, $a_{i,jk}$ 和 $b_{i,jk}$ 是实常数, $i = 1, 2$; $j = 0, 1, 2$; $k = 0, 1, 2$.

显然由系统 (4.3.14) 全局能控容易推导出其两个子系统:

$$\begin{aligned}
\dot{x}_1 &= f_1(x_3, x_4)x_4 + g_1(x_3, x_4)u \\
\dot{x}_3 &= x_4 \\
\dot{x}_4 &= u
\end{aligned} \qquad (4.3.15)$$

和

$$\begin{aligned}
\dot{x}_2 &= f_2(x_3, x_4)x_4 + g_2(x_3, x_4)u \\
\dot{x}_3 &= x_4 \\
\dot{x}_4 &= u
\end{aligned} \qquad (4.3.16)$$

全局能控. 然而反过来, 如果子系统 (4.3.15) 和子系统 (4.3.16) 全局能控, 一般来说, 应该增加条件才能保证系统 (4.3.14) 全局能控. 那么应该增加什么条件呢? 为此我们有下面定理.

定理 4.5 系统 (4.3.14) 是全局能控的, 当且仅当向量 $(b_{i,20}-a_{i,11}, b_{i,11}-a_{i,02}), i=1,2$ 是线性无关的.

证明 首先用反证法证明定理 4.5 的必要性.

如果向量 $(b_{i,20}-a_{i,11}, b_{i,11}-a_{i,02})$, $i=1,2$ 是线性相关的, 不失一般性我们假设存在 $k\in\mathbb{R}$ 使得

$$(b_{1,20}-a_{1,11}, b_{1,11}-a_{1,02}) = k(b_{2,20}-a_{2,11}, b_{2,11}-a_{2,02})$$

令 $y_1=x_1-kx_2, y_2=x_2, y_3=x_3$ 和 $y_4=x_4$. 我们有

$$\begin{aligned}
\dot{y}_1 &= [f_1(y_3,y_4)-kf_2(y_3,y_4)]y_4+[g_1(y_3,y_4)-kg_2(y_3,y_4)]u\\
\dot{y}_2 &= f_2(y_3,y_4)y_4+g_2(y_3,y_4)u\\
\dot{y}_3 &= y_4\\
\dot{y}_4 &= u
\end{aligned}\tag{4.3.17}$$

根据定理 4.4 有子系统

$$\begin{aligned}
\dot{y}_1 &=[f_1(y_3,y_4)-kf_2(y_3,y_4)]y_4+[g_1(y_3,y_4)-kg_2(y_3,y_4)]u\\
\dot{y}_3 &=y_4\\
\dot{y}_4 &=u
\end{aligned}\tag{4.3.18}$$

不是全局能控的, 故系统 (4.3.17) 不是全局能控的. 另外容易证明系统 (4.3.14) 的全局能控性等价于系统 (4.3.17) 的全局能控性. 因此系统 (4.3.14) 不是全局能控的.

下证明定理 4.5 的充分性. 不失一般性我们假设 $b_{1,20}-a_{1,11}=0$.

否则根据向量 $(b_{i,20}-a_{i,11}, b_{i,11}-a_{i,02}), i=1,2$ 线性相关, 有 $b_{1,20}-a_{1,11}\neq 0$ 或 $b_{2,20}-a_{2,11}\neq 0$. 不失一般性假设 $b_{2,20}-a_{2,11}\neq 0$. 令 $m_i=b_{i,20}-a_{i,11}, i=1,2$ 和 $\lambda=\dfrac{m_1}{m_2}$, 再令 $z_1=x_1-\lambda x_2, z_2=x_2, z_3=x_3$ 和 $z_4=x_4$, 我们有

$$\begin{aligned}
\dot{z}_1 &= [f_1(z_3,z_4)-\lambda f_2(z_3,z_4)]z_4+[g_1(z_3,z_4)-\lambda g_2(z_3,z_4)]u\\
\dot{z}_2 &= f_2(z_3,z_4)z_4+g_2(z_3,z_4)u\\
\dot{z}_3 &= z_4\\
\dot{z}_4 &= u
\end{aligned}\tag{4.3.19}$$

于是对系统 (4.3.19) 有 $(b_{1,20}-\lambda b_{2,20})-(a_{1,11}-\lambda a_{2,11})=m_1-\lambda m_2=0$. 显然系统 (4.3.14) 的全局能控性等价于系统 (4.3.19) 的全局能控性. 因此为简单起见, 假设系统 (4.3.14) 有 $b_{1,20}-a_{1,11}=0$.

因为 $(b_{i,20}-a_{i,11},b_{i,11}-a_{i,02})$, $i=1,2$ 线性相关和 $b_{1,20}-a_{1,11}=0$, 我们有 $b_{1,11}-a_{1,02}\neq 0$ 和 $b_{2,20}-a_{2,11}\neq 0$. 令 $n_i=b_{i,11}-a_{i,02}$, $i=1,2$.

现在我们开始准备为初始点 $(x_1^0,x_2^0,x_3^0,x_4^0)$ 和终点 $(x_1^1,x_2^1,x_3^1,x_4^1)$ 构造合适的控制. 令 L 表示在 x_3-x_4 平面上从点 $P_0=(x_3^0,x_4^0)$ 到点 $P_1=(x_3^1,x_4^1)$ 的有向直线段 $\overrightarrow{P_0P_1}$.

由格林公式, 对系统 (4.3.14), 我们有

$$\begin{aligned}
&x_1(T)-x_1(0)\\
&=\int_0^T[f_1(x_3,x_4)x_4+g_1(x_3,x_4)u]\mathrm{d}t\\
&=\int_\gamma f_1(x_3,x_4)\mathrm{d}x_3+g_1(x_3,x_4)\mathrm{d}x_4\\
&=-\iint\limits_D\left[\frac{\partial g_1}{\partial x_3}-\frac{\partial f_1}{\partial x_4}\right]\mathrm{d}x_3\mathrm{d}x_4+\Lambda_1\\
&=-\iint\limits_D(2n_1x_4+b_{1,10}-a_{1,01})\mathrm{d}x_3\mathrm{d}x_4+\Lambda_1
\end{aligned}\tag{4.3.20}$$

其中, γ 是下面子系统:

$$\begin{aligned}
\dot{x}_3&=x_4\\
\dot{x}_4&=u
\end{aligned}\tag{4.3.21}$$

在 x_3-x_4 平面上从 P_0 到 P_1 的轨线; $\Lambda_1=\int_{\overrightarrow{P_0P_1}}f_1(x_3,x_4)\mathrm{d}x_3+g_1(x_3,x_4)\mathrm{d}x_4$; D 是有向闭曲线 $\gamma-L$ 所围的区域, 如图 4.7 所示. 注意二重积分前的"负号"是由有向闭曲线 $\gamma-L$ 是顺时针还是逆时针确定的.

类似地, 我们有

$$\begin{aligned}
&x_2(T)-x_2(0)\\
&=-\iint\limits_D\left[\frac{\partial g_2}{\partial x_3}-\frac{\partial f_2}{\partial x_4}\right]\mathrm{d}x_3\mathrm{d}x_4+\Lambda_2
\end{aligned}$$

$$= -\iint\limits_{D}(2m_2x_3+2n_2x_4+b_{2,10}-a_{2,01})\mathrm{d}x_3\mathrm{d}x_4+\Lambda_2$$

其中, $\Lambda_2=\int_{\overrightarrow{P_0P_1}}f_2(x_3,x_4)\mathrm{d}x_3+g_2(x_3,x_4)\mathrm{d}x_4$, γ 和 D 同上.

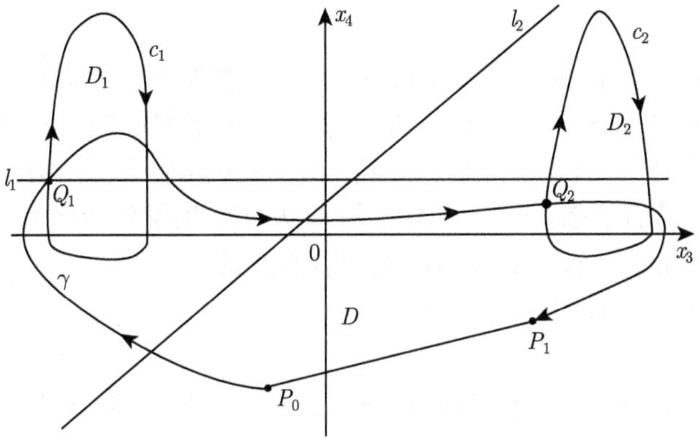

图 4.7 构造合适的控制

令 l_1 和 l_2 分别表示在 x_3-x_4 平面上的直线 $l_1: 2n_1x_4+b_{1,10}-a_{1,01}=0$ 和 $l_2: 2m_2x_3+2n_2x_4+b_{2,10}-a_{2,01}=0$. 不失一般性, 假设 $n_1>0, m_2>0, n_2<0$ 和 $b_{1,10}-a_{1,01}<0$, 则 l_1 和 l_2 如图 4.7 所示.

我们可以选取子系统 (4.3.21) 一条合适的闭轨线 c_1 使得 c_1 在 l_2 上方, 如图 4.7. 注意我们可以使得 c_1 在 l_1 上方的部分大很多. 不失一般性, 再令

$$\iint\limits_{D_1}(2n_1x_4+b_{1,10}-a_{1,01})\mathrm{d}x_3\mathrm{d}x_4=0 \tag{4.3.22}$$

其中, D_1 闭曲线 c_1 所包围的部分. 又显然有

$$\iint\limits_{D_1}(2m_2x_3+2n_2x_4+b_{2,10}-a_{2,01})\mathrm{d}x_3\mathrm{d}x_4>0$$

类似地, 我们也选取子系统 (4.3.21) 的闭轨线 c_2 使得 c_2 在 l_2 下方 (图 4.7). 注意我们可以沿 x_3 轴平行移动闭曲线 c_2, 同时可以使得 c_2 在 l_1 上方的部分更大. 因此不失一般性, 我们令

$$\iint\limits_{D_2}(2n_1x_4+b_{1,10}-a_{1,01})\mathrm{d}x_3\mathrm{d}x_4=0 \tag{4.3.23}$$

其中, D_2 是闭曲线 c_2 所包围的区域. 显然我们有

$$\iint_{D_2}(2m_2x_3+2n_2x_4+b_{2,10}-a_{2,01})\mathrm{d}x_3\mathrm{d}x_4<0$$

不失一般性, 我们做子系统 (4.3.21) 的轨线 γ 通过区域 D_1 和 D_2, 如图 4.7 所示.

现在开始构造我们所需要的控制 $u(t)$. 在此控制下, 子系统 (4.3.21) 的状态 $(x_3(t),x_4(t))$ 先沿着 γ 从 P_0 出发到达 Q_1, 然后沿着闭曲线 c_1 顺时针旋转 K_1 圈; 之后状态 $(x_3(t),x_4(t))$ 再沿 γ 从 Q_1 出发到达 Q_2, 然后再沿闭曲线 c_2 顺时针旋转 K_2 圈; 最后状态 $(x_3(t),x_4(t))$ 沿 γ 从 Q_2 出发到达终点 P_1. 利用 2.1.2 小节中的方法和技巧, 上面控制 $u(t)$ 是可以找到的.

在控制 $u(t)$ 下, 我们有

$$x_1(T)-x_1(0)=-\iint_D(2n_1x_4+b_{1,10}-a_{1,01})\mathrm{d}x_3\mathrm{d}x_4+\Lambda_1 \tag{4.3.24}$$

注意轨线 γ 没有完全固定下来, 或者说还有修正余地. 下面我们选择修正调整 γ 使得

$$-\iint_D(2n_1x_4+b_{1,10}-a_{1,01})\mathrm{d}x_3\mathrm{d}x_4+\Lambda_1=x_1^1-x_1^0$$

令

$$S_i=\iint_{D_i}(2m_2x_3+2n_2x_4+b_{2,10}-a_{2,01})\mathrm{d}x_3\mathrm{d}x_4$$

$i=1,2$, 和

$$\Theta=\iint_D(2m_2x_3+2n_2x_4+b_{2,10}-a_{2,01})\mathrm{d}x_3\mathrm{d}x_4-\Lambda_2 \tag{4.3.25}$$

注意现在 γ 固定了, 也就是说不能再调整了. 则现在 Θ 也固定了. 因此在控制 $u(t)$ 下, 我们有

$$x_2(T)-x_2(0)+\Theta=-K_1S_1-K_2S_2 \tag{4.3.26}$$

其中, K_1 和 K_2 为正整数.

再次注意到闭曲线 c_1 和 c_2 可以在满足方程 (4.3.22) 和方程 (4.3.23) 约束的情况下做一点修正. 因此我们可以找到两个正整数 K_1 和 K_2 及两条修正完毕的

闭曲线 c_1 和 c_2, 使得

$$-K_1S_1 - K_2S_2 = x_2^1 - x_2^0 + \Theta$$

因此最后经过多次修正后的控制 $u(t)$ 就是我们要求的控制. 这样系统 (4.3.14) 就是全局能控的. 定理 4.5 证明完毕. ■

注 4.2 因为向量 $(b_{i,20} - a_{i,11}, b_{i,11} - a_{i,02})$, $(i = 1, 2)$ 线性无关, 我们有 $(b_{i,20} - a_{i,11}, b_{i,11} - a_{i,02}) \neq (0, 0), i = 1, 2$. 由定理 4.4 可知两个子系统 (4.3.15) 和 (4.3.16) 都是全局能控的.

注 4.3 进一步考虑下面 n 阶仿射非线性控制系统 $(n \geqslant 5)$:

$$\begin{aligned}
\dot{x}_1 &= f_1(x_{n-1}, x_n)x_n + g_1(x_{n-1}, x_n)u \\
\dot{x}_2 &= f_2(x_{n-1}, x_n)x_n + g_2(x_{n-1}, x_n)u \\
&\vdots \\
\dot{x}_{n-2} &= f_{n-2}(x_{n-1}, x_n)x_n + g_{n-2}(x_{n-1}, x_n)u \\
\dot{x}_{n-1} &= x_n \\
\dot{x}_n &= u
\end{aligned} \tag{4.3.27}$$

其中, u 是控制输入.

如果 f_i, g_i, $i = 1, 2, \cdots, n-2$ 都是二次多项式, 即

$$f_i(x_{n-1}, x_n) = a_{i,20}x_{n-1}^2 + 2a_{i,11}x_{n-1}x_n + a_{i,02}x_n^2 + a_{i,10}x_{n-1} + a_{i,01}x_n + a_{i,00}$$

$$g_i(x_{n-1}, x_n) = b_{i,20}x_{n-1}^2 + 2b_{i,11}x_{n-1}x_n + b_{i,02}x_n^2 + b_{i,10}x_{n-1} + b_{i,01}x_n + b_{i,00}$$

其中, $a_{i,jk}$ 和 $b_{i,jk}$ 是实常数, $i = 1, 2, \cdots, n-2; j = 0, 1, 2; k = 0, 1, 2$, 则系统 (4.3.27) 不是全局能控的.

因为 2 个以上的二维向量必定线性相关, 故向量 $(b_{i,20} - a_{i,11}, b_{i,11} - a_{i,02})$, $i = 1, 2, \cdots, n-2, n \geqslant 5$ 必定线性相关. 由定理 4.5 必要性的证明方法, 不难证明系统 (4.3.27) 不是全局能控的.

例 4.6 考虑下面非线性控制系统:

$$\begin{aligned}
\dot{x}_1 &= ax_4^3 \\
\dot{x}_2 &= bx_4^3 + cu \\
\dot{x}_3 &= x_4 \\
\dot{x}_4 &= u
\end{aligned} \tag{4.3.28}$$

根据定理 4.5, 由于向量 $(0,-a)$ 和 $(0,-b)$ 是线性相关的, 故系统 (4.3.28) 不是全局能控的. ■

例 4.7　考虑下面 4 阶非线性控制系统:

$$
\begin{aligned}
\dot{x}_1 &= ax_4^3 + dx_3^2 u \\
\dot{x}_2 &= bx_4^3 + cu \\
\dot{x}_3 &= x_4 \\
\dot{x}_4 &= u
\end{aligned}
\tag{4.3.29}
$$

其中, $bd \neq 0$.

由定理 4.5, 系统 (4.3.29) 全局能控当且仅当 $(d,-a)$ 和 $(0,-b)$ 线性无关. 由于 $bd \neq 0$, 故定理 4.5 的条件显然满足. 因此系统 (4.3.29) 是全局能控的. ■

例 4.8　考虑下面 5 阶非线性控制系统:

$$
\begin{aligned}
\dot{x}_1 &= (a_1x_4x_5 + a_2x_4^2)x_5 + dx_5^2 u \\
\dot{x}_2 &= b(x_4^2 + 2x_5)x_5 + cu \\
\dot{x}_2 &= ex_5^3 + lx_4 u \\
\dot{x}_4 &= x_5 \\
\dot{x}_5 &= u
\end{aligned}
\tag{4.3.30}
$$

根据注 4.3, 系统 (4.3.30) 不是全局能控的.

第 5 章　全局渐近能控性与全局镇定性

5.1　概念与定义

本章考虑的 (全局) 渐近能控性实际上是介于 (全局) 能控性和 (全局) 镇定性之间的一个过渡性概念, 它是系统 (全局) 镇定的一个必要条件. 首先回顾一下全局能控性. 我们考虑下面仿射非线性控制系统:

$$\dot{\boldsymbol{x}} = \boldsymbol{f}(\boldsymbol{x}) + \boldsymbol{G}(\boldsymbol{x})\boldsymbol{u}(\cdot), \quad \boldsymbol{x} \in \mathbb{R}^n \tag{5.1.1}$$

其中, $\boldsymbol{x}$ 是状态, $\boldsymbol{u}(\cdot) \in \mathbb{R}^m$ 是控制输入, $\boldsymbol{f}(\boldsymbol{x})$ 称为系统向量场, $\boldsymbol{G}(\boldsymbol{x})$ 称为控制函数矩阵, $\boldsymbol{f}$ 和 $\boldsymbol{G}$ 都满足局部 Lipschitz 条件.

定义 5.1　控制系统 (5.1.1) 称为全局能控的, 如果对相空间 $\mathbb{R}^n$ 中的任意两点 $\boldsymbol{x}^0$ 和 $\boldsymbol{x}^1$, 存在某一时刻 $T \geqslant 0$ 和控制输入 $\boldsymbol{u}(\cdot)$ 使得系统 (5.1.1) 在控制 $\boldsymbol{u}(\cdot)$ 下的轨线满足 $\boldsymbol{x}(0) = \boldsymbol{x}^0$ 和 $\boldsymbol{x}(T) = \boldsymbol{x}^1$.

定义 5.2　设 $\boldsymbol{f}(\boldsymbol{x}) = \boldsymbol{0}$. 系统 (5.1.1) 称为**局部渐近能控的**, 如果存在两个原点的邻域 U_1 和 U_2, 使得对于任何初始点 $\boldsymbol{x}(0) = \boldsymbol{x}^0 \in U_1$, 存在一个状态的局部 Lipschitz 控制函数 $\boldsymbol{u}_{\boldsymbol{x}^0}(\boldsymbol{x})$ 使得系统正半轨线 $\boldsymbol{x}(t), t \geqslant 0$ 在 U_2 中且驱使状态收敛到原点, 也即 $\boldsymbol{x}(t) \to \boldsymbol{0}$ 当 $t \to +\infty$. 如果 $U_1 = U_2 = \mathbb{R}^2$, 则系统 (5.1.1) 称作**全局渐近能控的**.

定义 5.3　设 $\boldsymbol{f}(\boldsymbol{x}) = \boldsymbol{0}$. 系统 (5.1.1) 称为**局部渐近能镇定的**, 简称**局部能镇定的**, 如果能找到光滑的状态反馈函数

$$\boldsymbol{u} = \boldsymbol{\alpha}(\boldsymbol{x}), \quad \boldsymbol{\alpha}(\boldsymbol{0}) = \boldsymbol{0}$$

使得对应的闭环系统

$$\dot{\boldsymbol{x}} = \boldsymbol{f}(\boldsymbol{x}) + \boldsymbol{G}(\boldsymbol{x})\boldsymbol{\alpha}(\boldsymbol{x}) \tag{5.1.2}$$

在原点 $\boldsymbol{x} = \boldsymbol{0}$ 是局部渐近稳定的. 如果闭环系统 (5.1.2) 是全局渐近稳定的, 则称系统 (5.1.1) 是**全局渐近能镇定的**, 简称全局能镇定的.

需要注意的是在不同的文献中上面三个概念的定义都有所不同, 特别是最后一个, 即能镇定性. 不同点主要集中在对控制 $\boldsymbol{u}(\cdot)$ 的要求上. 定义 5.3 来自文献 [27], 其中要求控制是光滑的状态反馈 $\boldsymbol{u}(\boldsymbol{x})$; 在文献 [10] 中反馈控制可以形如 $\boldsymbol{u}(\boldsymbol{x}, t)$; 在文献 [28] 中, 在有限时间反馈镇定研究中, 控制 $\boldsymbol{u}(\boldsymbol{x})$ 要求是连续的; 另

外注意在有限时间反馈镇定研究中, 控制 $\boldsymbol{u}(\boldsymbol{x})$ 不能是光滑的, 这是因为由于常微分方程解的存在与唯一性, 光滑控制做不到有限时间镇定系统; 在文献 [29] 中甚至对控制 $\boldsymbol{u}(\boldsymbol{x})$ 的连续性也不做要求了.

上面关于镇定的不同定义, 共同点是都需要状态反馈, 不同点是控制输入关于状态的连续性要求不同. 澄清了这些差别后, 就容易理解文献中看似互相冲突的结论. 在文献 [30] 中有如下结论: 系统的渐近能控性只是系统能镇定的一个必要条件; 在文献 [29] 中则断言有: 渐近能控必定能反馈镇定. 其实在文献 [30] 中的控制 $\boldsymbol{u}(\boldsymbol{x})$ 要求是 C^1 的; 而在文献 [29] 中的控制 $\boldsymbol{u}(\boldsymbol{x})$ 甚至对连续性都不需要. 出现这种情况的一个重要原因是: 虽然有些非线性系统是 (全局) 能控或渐近能控, 无论是静态状态反馈还是动态状态反馈, 但却可以证明不存在连续状态反馈镇定, 可见文献 [30]、[31]. 因此探索不连续状态反馈镇定对许多系统还是很有必要的, 可见文献 [32]、[33]. 这是非线性与线性系统的一个重要区别.

第二个概念, (全局) 渐近能控性在文献中定义的不同点主要在于控制函数 $u_{\boldsymbol{x}^0}(\cdot)$ 需不需要显示地依赖于状态. 比如在文献 [30]、[34] 中, 控制 $\boldsymbol{u}(\cdot)$ 形如 $u_{\boldsymbol{x}^0}(t)$, 它不需要显示地依赖于状态. 另外在文献 [30] 中状态轨线不需要在邻域 U_2 内.

第一个概念, (全局) 能控性的定义总体上没有实质性的分歧. 常见要求控制是时间的函数, 即 $\boldsymbol{u}(t)$. 闭环控制 $\boldsymbol{u}(\boldsymbol{x})$ 与开环控制 $\boldsymbol{u}(t)$ 从实际操作到控制效果都是不同的. 然而对于没有干扰的确定性系统, 由于时间 t 与状态 $\boldsymbol{x}$ 存在对应关系, 故 $\boldsymbol{u}(\boldsymbol{x})$ 与 $\boldsymbol{u}(t)$ 在数学公式上没有实质性不同. 这也可以从前面章节中关于全局能控性的研究中看出来.

对于线性控制系统, 我们知道如果系统是能控的, 那就一定是能反馈镇定的. 下面我们指出即使不要求控制 $\boldsymbol{u}(\boldsymbol{x})$ 是连续的, 上面结论对非线性控制系统仍不正确, 即如果非线性系统全局能控, 但仍不能保证全局镇定.

例 5.1 考虑下面系统:

$$
\begin{aligned}
\dot{x} &= f(y) \\
\dot{y} &= \sin x + u
\end{aligned}
\tag{5.1.3}
$$

其中

$$
f(y) = \begin{cases}
y^2 e^{\frac{1}{y^2-1}}, & |y| < 1 \\
0, & y = \pm 1 \\
y e^{\frac{1}{1-y^2}}, & |y| > 1
\end{cases}
$$

容易验证系统 (5.1.3) 是全局能控的. 又可以验证在原点任意小的邻域内的初值点 $P = (x_0, y_0)$, 如果 $x_0 > 0$, 则轨线必须绕道跑出区域 $y > -1$ 外, 才能够趋于原点, 如图 5.1 所示. 因此即使允许 $\boldsymbol{u}(x,y)$ 不连续, 闭环系统在李雅普诺夫稳定性意义下不是能局部镇定的, 当然不能全局镇定了. ■

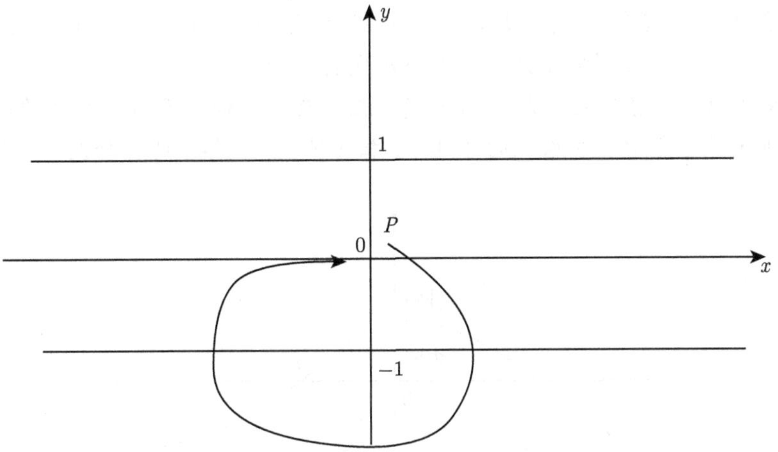

图 5.1 全局能控却不能镇定的非线性系统

综上, 在镇定系统的控制器设计过程中, 状态反馈控制函数 $\boldsymbol{u}(\boldsymbol{x})$ 的连续性和光滑性是非常关键的. 一般来说, 我们当然希望状态反馈控制函数具有良好的性质, 比如光滑的, 至少是连续的, 这对理论研究和应用都很重要. 控制函数的 (光滑) 连续性可在小范围内做到, 然而一般不能保证在大范围连续, 具体的实例构造可见文献 [34]、[35]. 于是我们只好退而求其次寻求不连续的状态反馈, 这应该就是非线性系统能镇定概念在不同文献中的定义不同的一个缘由.

5.2 平面系统的全局渐近能控性

从 5.1 节中的定义和讨论可知, 不管能镇定的定义有何不同, 全局渐近能控性都是全局能镇定的一个必要条件. 本节我们研究较为简单的系统全局渐近能控性. 这里我们采用定义 5.2, 先研究如下平面单输入仿射控制非线性系统:

$$\begin{aligned}\dot{x}_1 &= f_1(x_1,x_2)+g_1(x_1,x_2)u\\ \dot{x}_2 &= f_2(x_1,x_2)+g_2(x_1,x_2)u\end{aligned} \tag{5.2.1}$$

其中, $f_i(x_1,x_2), g_i(x_1,x_2), i=1,2$ 是状态 $\boldsymbol{x}=(x_1,x_2)^{\mathrm{T}}\in\mathbb{R}^2$ 的局部 Lipschitz 函数, 控制输入 $u(\cdot)$ 是系统取实数值的控制函数. 又记 $\boldsymbol{f}(\boldsymbol{x})=(f_1(x_1,x_2),f_2(x_1,x_2))^{\mathrm{T}}$, $\boldsymbol{g}(\boldsymbol{x})=(g_1(x_1,x_2),g_2(x_1,x_2))^{\mathrm{T}}$ 及假设 $\boldsymbol{g}(\boldsymbol{x})\neq\boldsymbol{0},\forall\ \boldsymbol{x}\in\mathbb{R}^2$.

局部渐近能控问题已经有过大量且细致的研究[10, 27, 29-35]. 因此对于许多系统来说, 局部渐近能控性是比较容易验证的. 在此不再讨论, 本节主要讨论全局渐近能控性.

在第 2 章中曾经介绍过拟 Jordan 曲线定理: 在平面上一条与直线同胚且两端延伸至无穷的曲线把平面分为两个不相交的部分.

定义 5.4　一条不经过原点与直线同胚且两端延伸至无穷的曲线的**内侧**定义为上面所述两部分中包含原点的那部分. 相应地, 另一部分称作**外侧** (图 5.2).

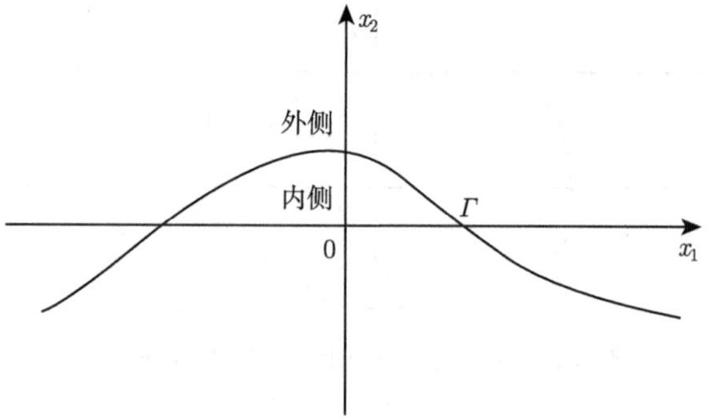

图 5.2　原点在内侧

定义 5.5　一条满足定义 5.4 的光滑曲线 $\Gamma: \boldsymbol{\gamma}(s) \in \mathbb{R}^2, s \in \mathbb{R}$ 称作系统 (5.2.1) 的 **非阻碍曲线**, 如果存在 $s_1 \in \mathbb{R}$ 使得 $\langle \boldsymbol{f}(\boldsymbol{\gamma}(s)) + \boldsymbol{g}(\boldsymbol{\gamma}(s))u(\boldsymbol{\gamma}(s)), \boldsymbol{p}(s)\rangle < 0$ 对于某个控制函数 $u(\boldsymbol{x})$ 成立, 其中 $\langle \cdot, \cdot \rangle$ 表示向量内积, 以及 $\boldsymbol{p}(s)$ 是曲线 $\boldsymbol{\gamma}(s)$ 的非零法向量且指向 Γ 的外侧; 否则, 称为**阻碍曲线**.

类似地, 定义系统 (5.2.1) 的控制曲线. 与第 2 章中定义是一样的, 就是控制向量场 $\boldsymbol{g}(\boldsymbol{x})$ 的解曲线.

引理 5.1　系统 (5.2.1) 的一条不过原点的控制曲线 $\Gamma: \boldsymbol{\gamma}(s)$ 是非阻碍曲线, 当且仅当存在 $s_1 \in \mathbb{R}$ 使得 $\langle \boldsymbol{f}(\boldsymbol{\gamma}(s_1)), \boldsymbol{p}(s_1)\rangle < 0$, 其中 $\boldsymbol{p}(s)$ 是 Γ 的非零法向量且指向 Γ 的外侧.

这个引理是显然的, 因为对任意 $s \in \mathbb{R}$, $\boldsymbol{p}(s)$ 垂直于 $\boldsymbol{g}(\boldsymbol{\gamma}(s))$. 其实我们可以这样选取 $\boldsymbol{p}(s)$, 通过原点的控制曲线把平面分为两部分, 在其中一部分 $\boldsymbol{p}(s) = (g_2(\boldsymbol{x}(s)), -g_1(\boldsymbol{x}(s)))^{\mathrm{T}}$; 在另一部分 $\boldsymbol{p}(s) = (-g_2(\boldsymbol{x}(s)), g_1(\boldsymbol{x}(s)))^{\mathrm{T}}$.

下面定理刻画了从局部渐近能控性到全局渐近能控性系统需要增加的条件.

定理 5.1　令控制系统 (5.2.1) 是局部渐近能控的, 则系统全局渐近能控的充要条件是系统的每一条不通过原点的控制曲线都是非阻碍曲线.

与全局能控性类似, 我们也称 $\langle \boldsymbol{f}(\boldsymbol{\gamma}(s)), \boldsymbol{p}(s)\rangle$ 为全局渐近能控性的判据函数. 在证明定理 5.1 之前先给一个直观的解释. 由于系统 (5.2.1) 的任意控制曲线

都把平面 $\mathbb{R}^2$ 分为两个不相交的部分，且任意两条控制曲线要么完全重合，要么完全不同 (就是不可能相交)，于是导致控制曲线把平面分为一层一层的叶层结构 (图 5.3)，其中 $\Gamma_i, i=1,2,\cdots$ 是系统的某些控制曲线. 假设点 $\boldsymbol{x}^0$ 在曲线 Γ_1 上及控制曲线 Γ_3 通过原点.

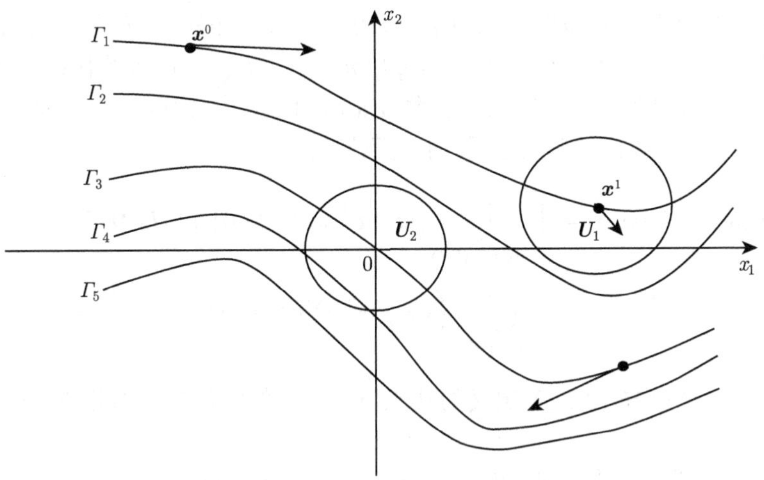

图 5.3 非阻碍控制曲线与渐近能控性

如果控制曲线 Γ_1 是非阻碍曲线，则一定存在一点 $\boldsymbol{x}^1 \in \Gamma_1$ 和控制 $u(\boldsymbol{x})$ 使得控制系统以 $\boldsymbol{x}^1$ 为初始点的正半轨将会进入曲线 Γ_1 的内侧. 再由连续性可知，存在点 $\boldsymbol{x}^1$ 的一个邻域 U_1，在 U_1 内的每一点都有相应的控制 $u(\boldsymbol{x})$，使得系统在 U_1 内出发的正半轨都会进入曲线 Γ_1 的内侧. 另一方面，根据局部渐近能控性，存在原点的一个邻域 U_2 使得对于任意 $\boldsymbol{\xi} \in U_2$ 存在一个控制 $u_{\boldsymbol{\xi}}(\boldsymbol{x})$ 驱使系统 (5.2.1) 的轨线趋于原点，也即当 $t=0$, $\boldsymbol{x}(0)=\boldsymbol{\xi}$; 当 $t \to +\infty$, $\boldsymbol{x}(t) \to 0$.

因此根据引理 2.2，令控制函数 $u(\boldsymbol{x})$ 为在曲线 Γ_1 上包含 $\boldsymbol{x}^0$ 和 $\boldsymbol{x}^1$ 的一个管状邻域上充分大且使得向量场方向是从点 $\boldsymbol{x}^0$ 到 $\boldsymbol{x}^1$. 则在此控制下，系统初始点为 $\boldsymbol{x}^0$ 的正半轨将会在某一时刻到达 U_1. 因此我们可以让轨线在 U_1 内进入 Γ_1 的内侧. 重复上述过程，我们可以证明轨线将会最终到达 U_2 或者 Γ_3.

一旦轨线到达 $\boldsymbol{\xi} \in U_2$，我们可以用控制 $u_{\boldsymbol{\xi}}(\boldsymbol{x})$ 驱动轨线趋于原点. 如果轨线到达 Γ_3 但不在 U_2 内，则我们同样可以使用一个大控制驱动轨线进入原点的邻域 U_2 内. 因此我们得到系统是全局渐近能控的. 根据第 2 章的分析，我们对控制函数还可以进一步处理从而使得控制函数是局部 Lipschitz 连续的.

证明 先由反证法证明定理的充分性.

假设存在一点 $\boldsymbol{x}^0$，有 $\boldsymbol{\varphi}_u(\boldsymbol{x}^0, t)$, $t>0$ 在任何控制 $u(\boldsymbol{x}) \in \mathrm{Lip}(\mathbb{R}^2)$ 下都不能

趋于原点, 其中 $\varphi_u(\boldsymbol{x}^0,t)$, $t>0$ 是系统 (5.2.1) 在控制 $u(\boldsymbol{x})$ 下以 $\boldsymbol{x}^0$ 为初始点的正半轨线.

因为系统 (5.2.1) 是局部渐近能控的, 所以存在原点的一个小邻域 $U(\mathbf{0},\delta)$ 使得对任何的初始点 $\boldsymbol{x}^1\in U(\mathbf{0},\delta)$, 当 $t\to+\infty$ 时, 存在一个控制函数 $u(\boldsymbol{x})$ 驱使状态 $\boldsymbol{x}(t)\to 0$.

我们首先证明 $\{\boldsymbol{\varphi}_u(\boldsymbol{x}^0,t)|t>0\}\cap U(\mathbf{0},\delta)=\varnothing$. 事实上, 如果 $\{\boldsymbol{\varphi}_u(\boldsymbol{x}^0,t)|t>0\}\cap U(\mathbf{0},\delta)\neq\varnothing$, 则存在 $t_1>0$, 使得 $\boldsymbol{\varphi}_u(\boldsymbol{x}^0,t_1)\in U(\mathbf{0},\delta)$. 因此根据第 2 章中的方法, 我们可以构造一个新的控制函数 $\widehat{u}(\boldsymbol{x})\in \mathrm{Lip}(\mathbb{R}^2)$ 使得初始点为 $\boldsymbol{x}^0$ 的正半轨趋于原点, 这与我们的假设矛盾. 于是我们有

$$\begin{aligned}\mathfrak{R}(\boldsymbol{x}^0)\cap U(\mathbf{0},\delta)&=\left(\bigcup_{u\in\mathrm{Lip}(\mathbb{R}^2)}\{\boldsymbol{\varphi}_u(\boldsymbol{x}^0,t)\mid t>0\}\right)\cap U(\mathbf{0},\delta)\\&=\bigcup_{u\in\mathrm{Lip}(\mathbb{R}^2)}\left(\{\boldsymbol{\varphi}_u(\boldsymbol{x}^0,t)|t>0\}\cap U(\mathbf{0},\delta)\right)=\varnothing\end{aligned}\tag{5.2.2}$$

其中, $\mathfrak{R}(\boldsymbol{x}^0)$ 是由式 (2.1.5) 定义的从点 $\boldsymbol{x}^0$ 出发的能达集. 因此 $\mathfrak{R}(\boldsymbol{x}^0)$ 不是全平面.

令 $\overline{\mathfrak{R}(\boldsymbol{x}^0)}$ 为 $\mathfrak{R}(\boldsymbol{x}^0)$ 的闭包, 则一定存在一点 $\boldsymbol{\xi}\in\overline{\mathfrak{R}(\boldsymbol{x}^0)}$ 使得

$$\|\boldsymbol{\xi}\|=\inf\{\|\boldsymbol{x}\|:\boldsymbol{x}\in\overline{\mathfrak{R}(\boldsymbol{x}^0)}\}\tag{5.2.3}$$

由式 (5.2.2), 我们知道 $\|\boldsymbol{\xi}\|>0$, 以及点 $\boldsymbol{\xi}$ 在边界 $\partial(\mathfrak{R}(\boldsymbol{x}^0))$ 上.

令 $\varGamma_0$ 表示系统 (5.2.1) 通过原点的控制曲线. 因而 $\varGamma_0$ 把平面分为两个不相交的部分, 我们把它们分别记为 A-侧与 B-侧. 由引理 2.2 和引理 2.4, 我们可以证明点 $\boldsymbol{\xi}$ 不可能位于曲线 $\varGamma_0$ 上, 否则将会与已知矛盾. 不失一般性, 我们假设点 $\boldsymbol{\xi}$ 位于 A-侧. 现在我们分以下四步来证明定理 5.1.

第一步 我们证明点 $\boldsymbol{x}^0$ 和 $\boldsymbol{\xi}$ 位于 $\varGamma_0$ 的同一侧, 即 A-侧.

首先, 由引理 2.2 和引理 2.4, 显然点 $\boldsymbol{x}^0$ 也不会位于 $\varGamma_0$ 上. 现在令 $U(\boldsymbol{\xi},\epsilon)$ 为点 $\boldsymbol{\xi}$ 的一个充分小的邻域, 满足 $U(\boldsymbol{\xi},\epsilon)$ 包含在 A-侧内. 则存在一个控制 $u(\cdot)$ 使得系统 (5.2.1) 以点 $\boldsymbol{x}^0$ 为初始点的轨线 $\varphi_u(\boldsymbol{x}^0,t),t>0$ 在某时刻到达点 $U(\boldsymbol{\xi},\epsilon)$. 因此由拟 Jordan 曲线定理, 如果点 $\boldsymbol{x}^0$ 位于 B-侧, 则 $\boldsymbol{\varphi}_u(\boldsymbol{x}^0,t),t>0$ 一定与 $\varGamma_0$ 相交. 由前面类似的分析, 这将会导致矛盾. 因此点 $\boldsymbol{x}^0$ 一定位于 A-侧内.

第二步 我们证明点 $\boldsymbol{x}^0$ 不能位于通过点 $\boldsymbol{\xi}$ 的控制曲线 $\varGamma_{\boldsymbol{\xi}}$ 的内侧.

在这里, 我们令 $\varGamma_1$ 表示通过点 $\boldsymbol{x}^0$ 的控制曲线. 由常微分方程解的存在与唯一性定理及拟 Jordan 曲线定理, 曲线 $\varGamma_0$, $\varGamma_1$ 和 $\varGamma_{\boldsymbol{\xi}}$ 把 A-侧分为三个不相交的部分 (图 5.4). 如果点 $\boldsymbol{x}^0$ 位于曲线 $\varGamma_{\boldsymbol{\xi}}$ 的内侧, 则我们有

$$\text{控制曲线 }\varGamma_1\text{ 的外侧}\quad\supset\quad\text{控制曲线 }\varGamma_{\boldsymbol{\xi}}\text{ 的外侧}$$

因此我们有

$$\begin{aligned}0 &< \inf\{\|\boldsymbol{x}\| : \boldsymbol{x} \in \text{控制曲线 } \varGamma_1 \text{ 的外侧}\} \\ &< \inf\{\|\boldsymbol{x}\| : \boldsymbol{x} \in \text{ 控制曲线 } \varGamma_{\boldsymbol{\xi}} \text{的外侧}\}\end{aligned} \tag{5.2.4}$$

由引理 2.2 有 $\varGamma_1 \subseteq \overline{\mathfrak{R}(\boldsymbol{x}^0)}$. 再由式 (5.2.4), 存在一点 $\boldsymbol{\eta} \in \varGamma_1$ 使得 $\|\boldsymbol{\eta}\| < \|\boldsymbol{\xi}\|$, 这与 $\boldsymbol{\xi}$ 的定义矛盾.

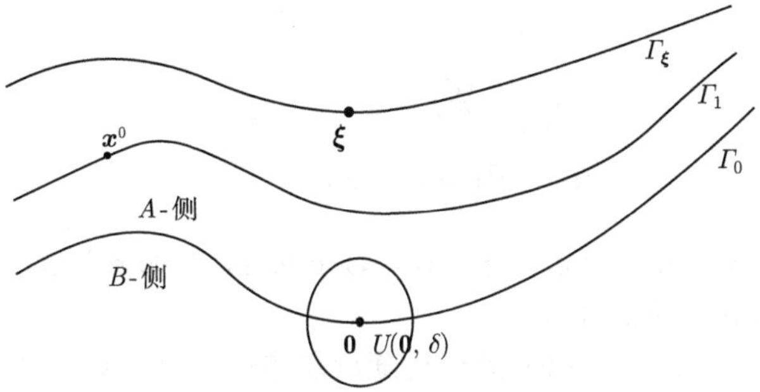

图 5.4 渐近能控之能达集

第三步 我们证明在控制曲线 $\varGamma_0$ 和 $\varGamma_{\boldsymbol{\xi}}$ 之间不存在能达点. 这是显然成立的; 否则, 由引理 2.2 和引理 2.4, 以及第二步的证明过程, 我们也可以推导出点 $\boldsymbol{\xi}$ 不满足定义 (5.2.3), 从而导致矛盾.

第四步 最后, 我们证明定理 5.1 的充分性. 由于 $\varGamma_{\boldsymbol{\xi}}$ 是非阻碍曲线, 于是存在一点 $\boldsymbol{y} \in \varGamma_{\boldsymbol{\xi}}$ 使得 $\langle \boldsymbol{f}(\boldsymbol{y}), \boldsymbol{p}(\boldsymbol{y})\rangle < 0$, 其中 $\boldsymbol{p}(\boldsymbol{y})$ 是曲线 $\varGamma_{\boldsymbol{\xi}}$ 的非零法向量, 且指向 $\varGamma_{\boldsymbol{\xi}}$ 的外侧. 由引理 2.2 和引理 2.4 及 $\boldsymbol{\xi}$ 在边界 $\partial(\mathfrak{R}(\boldsymbol{x}^0))$ 上这个事实, 我们可以构造一个新的控制函数 $\widetilde{u}(\boldsymbol{x}) \in \mathrm{Lip}(\mathbb{R}^2)$ 使得系统 (5.2.1) 的正半轨进入曲线 $\varGamma_{\boldsymbol{\xi}}$ 的内侧. 这与第三步的结论矛盾. 于是定理 5.1 的充分性部分证明完毕.

下面我们同样用反证法证明定理 5.1 的必要性.

我们只需要证明: 如果存在控制曲线 $\varGamma$ 是阻碍曲线, 则系统 (5.2.1) 不可能全局渐近能控. 由第 2 章中类似的方法, 我们很容易得到系统 (5.2.1) 初始点在 $\varGamma$ 外侧的正半轨在任何控制 $u(\boldsymbol{x})$ 下不可能进入它的内侧, 因此也就不可能趋于原点. 从而完成定理的证明. ■

例 5.2 回顾例 2.3 中的系统:

$$\begin{aligned}\dot{x}_1 &= -\sin x_2 \cos x_2 + \sin x_2 \exp(-x_1)u \\ \dot{x}_2 &= \sin^2 x_2 + \cos x_2 \exp(-x_1)u\end{aligned} \tag{5.2.5}$$

已知此系统有一条控制曲线: $\begin{cases} x_1 = \ln t, \\ x_2 = \dfrac{\pi}{2}, \end{cases}$ $t > 0$. 不难验证该曲线是阻碍曲线, 因此系统 (5.2.5) 不是全局渐近能控的, 也就不是全局能镇定的. ■

前面章节中关于全局能控性的结论都可以相应地推广到全局渐近能控性上, 具体结论不再一一列出. 下面以第 3 章中场控直流电机的例子说明全局渐近能控性的结论可相应推广到其他系统.

例 5.3　继续讨论例 3.4 中的场控直流电机系统:

$$\begin{aligned} \dot{x}_1 &= -ax_1 + u \\ \dot{x}_2 &= -bx_2 + \rho - cx_1x_3 \\ \dot{x}_3 &= \theta x_1 x_2 - dx_3 \end{aligned} \tag{5.2.6}$$

其中, x_1, x_2, x_3 和 u 分别表示定子电流、转子电流、电机轴角速度和定子电压, 参数 a, b, c, d, θ 和 ρ 均为正常数.

现在我们研究系统 (5.2.6) 的全局渐近能控性. 显然系统 (5.2.6) 有平衡点 $E = \left(0, \dfrac{\rho}{b}, 0\right)^{\mathrm{T}}$.

做变换 $y_1 = x_1, y_2 = x_2 - \dfrac{\rho}{b}, y_3 = x_3$, 则系统 (5.2.6) 变为

$$\begin{aligned} \dot{y}_1 &= -ay_1 + u \\ \dot{y}_2 &= -by_2 - cy_1y_3 \\ \dot{y}_3 &= \theta y_1 \left(y_2 + \frac{\rho}{b}\right) - dy_3 \end{aligned} \tag{5.2.7}$$

根据第 2 章和第 3 章关于全局能控性的讨论, 可知现在只需要讨论子系统:

$$\begin{aligned} \dot{y}_2 &= -by_2 - cy_3v \\ \dot{y}_3 &= -dy_3 + \theta \left(y_2 + \frac{\rho}{b}\right) v \end{aligned} \tag{5.2.8}$$

的全局渐近能控性.

通过计算, 子系统 (5.2.8) 的控制曲线是一族椭圆:

$$\left(\lambda\sqrt{c}\cos(\sqrt{c\theta}\, t) - \frac{\rho}{b}, \lambda\sqrt{\theta}\sin(\sqrt{c\theta}\, t)\right), \ \lambda > 0, \ t \in \mathbb{R}$$

易知 $\lambda_0 = \dfrac{\rho}{b\sqrt{c}}$ 对应着通过原点的控制曲线 (图 5.5), 记为 $\varGamma_0$.

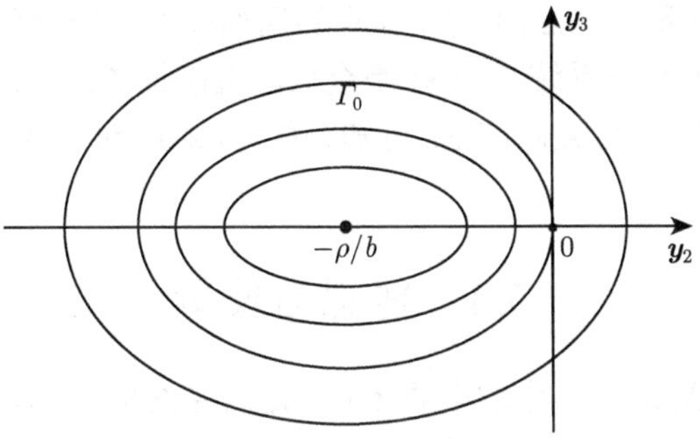

图 5.5 子系统 (5.2.8) 的控制曲线

通过计算, 其全局渐近能控性的判据函数为

$$\begin{cases} [(d-b)c\lambda\cos^2(\sqrt{c\theta}\ t)+\rho\sqrt{c}\cos(\sqrt{c\theta}\ t)-dc\lambda]\lambda\theta, & \text{当 } \lambda>\dfrac{\rho}{b\sqrt{c}} \text{ 时} \\ -[(d-b)c\lambda\cos^2(\sqrt{c\theta}\ t)+\rho\sqrt{c}\cos(\sqrt{c\theta}\ t)-dc\lambda]\lambda\theta, & \text{当 } \lambda<\dfrac{\rho}{b\sqrt{c}} \text{ 时} \end{cases}$$

再令

$$L(s)=\begin{cases} (d-b)c\lambda s^2+\sqrt{c}\rho s-cd\lambda, & \lambda>\dfrac{\rho}{b\sqrt{c}}, \\ -(d-b)c\lambda s^2-\sqrt{c}\rho s+cd\lambda, & \lambda<\dfrac{\rho}{b\sqrt{c}}, \end{cases} \qquad s=\cos(\sqrt{c\theta}\ t)\in[-1,1]$$

下面分两种情况分别讨论来证明此系统是全局渐近能控的.

情形 1 当 $d-b=0$ 时.

此时判据函数 $L(s)$ 退化为线性函数. 显然当 $\lambda>\dfrac{\rho}{b\sqrt{c}}$ 时, 有 $L(0)=-cd\lambda<0$; 当 $\lambda<\dfrac{\rho}{b\sqrt{c}}$, 有 $L(1)=-\sqrt{c}\,\rho+cd\lambda<-\sqrt{c}\,\rho+cb\dfrac{\rho}{b\sqrt{c}}=0$. 因此除 Γ_0 外每一条控制曲线都是非阻碍曲线.

情形 2 当 $d-b\neq 0$ 时.

当 $\lambda>\dfrac{\rho}{b\sqrt{c}}$ 时, $L(0)=-cd\lambda<0$; 当 $\lambda<\dfrac{\rho}{b\sqrt{c}}$ 时, 我们有 $L(1)=bc\lambda-\sqrt{c}\rho<bc\dfrac{\rho}{b\sqrt{c}}-\sqrt{c}\rho=0$. 因此, 在此情形时, 除 Γ_0 外每一条控制曲线也都是非阻碍曲线.

综上, 我们有子系统 (5.2.8) 任意不通过原点的控制曲线[①]都是非阻碍曲线, 又

① 不算系统的退化控制曲线, 即平衡点 $\left(-\dfrac{\rho}{b},0\right)$. 另外注意子系统 (5.2.8) 的系统向量场在点 $\left(-\dfrac{\rho}{b},0\right)$ 为非零向量, 故轨线不可能永远停留在点 $\left(-\dfrac{\rho}{b},0\right)$ 处.

系统 (5.2.6) 或者子系统 (5.2.8) 对于原点的局部渐近能控性可由其精确线性化系统是能控得到[10], 因此子系统 (5.2.8) 是全局渐近能控的. 最后再由第 3 章中三角形结构系统全局能控性的类似讨论, 可知系统 (5.2.6) 对平衡点 E 是全局渐近能控的. ■

5.3　猜想与反例

系统的稳定性是系统工作的必要条件, 是对系统的最基本要求, 也是保证系统其他性能的前提条件. 设计合适的控制器使得系统稳定即镇定, 也是控制系统的最终设计目标之一. 全局渐近能控性的研究虽然不能直接提供控制器的设计方法, 但能告诉我们哪些系统是不可能全局镇定的.

虽然用线性问题中发展出来的方法研究非线性问题是其非本质困难的主要来源, 但在真实的工程实践中, 广泛采用线性系统中的方法来研究非线性系统, 且在许多情况下也取得良好的效果, 可见文献 [36].

下面我们给出一个事实. 对仿射非线性系统:

$$\dot{\boldsymbol{x}} = \boldsymbol{f}(\boldsymbol{x}) + \boldsymbol{G}(\boldsymbol{x})\boldsymbol{u}, \quad \boldsymbol{x} \in \mathbb{R}^n, \quad \boldsymbol{u} \in \mathbb{R}^m \tag{5.3.1}$$

其中, $\boldsymbol{f}(\boldsymbol{0}) = \boldsymbol{0}$, $\boldsymbol{f}$ 和 $\boldsymbol{G}$ 都是 C^1 光滑的. 系统可以改写为系数矩阵依赖状态的线性结构[10], 具体结构如下:

$$\dot{\boldsymbol{x}} = \boldsymbol{A}(\boldsymbol{x})\boldsymbol{x} + \boldsymbol{G}(\boldsymbol{x})\boldsymbol{u} \tag{5.3.2}$$

这自然激起人们运用线性的方法和工具来研究非线性系统的兴趣, 这方面的文献很多, 如文献 [10]、文献 [37]~[40].

不难猜测如果每一点 $\boldsymbol{x} \in \mathbb{R}^n$ 固定, 矩阵对 $(\boldsymbol{A}(\boldsymbol{x}), \boldsymbol{G}(\boldsymbol{x}))$ 看作常矩阵都是能控的, 那系统 (5.3.2) 或系统 (5.3.1) 是全局能控或全局能镇定的吗? 如果不能, 再加强些条件呢? 或者说需要加什么条件才能保证系统是全局能控或全局能镇定呢?

我们称矩阵对 $(\boldsymbol{A}(\boldsymbol{x}), \boldsymbol{G}(\boldsymbol{x}))$ 是**一致能控的**, 如果它们满足下面两个条件.

(1) 在 $\mathbb{R}^n$ 上 $\|\boldsymbol{A}(\boldsymbol{x})\|$ 和 $\|\boldsymbol{G}(\boldsymbol{x})\|$ 有界.

(2) 令 $\boldsymbol{Q}(\boldsymbol{x}) = [\boldsymbol{G}(\boldsymbol{x}), \boldsymbol{A}(\boldsymbol{x})\boldsymbol{G}(\boldsymbol{x}), \cdots, \boldsymbol{A}^{n-1}(\boldsymbol{x})\boldsymbol{G}(\boldsymbol{x})]$. 存在正数 $\delta > 0$ 使得对任意 $\boldsymbol{x} \in \mathbb{R}^n$, 有

$$\det[\boldsymbol{Q}(\boldsymbol{x})\boldsymbol{Q}^{\mathrm{T}}(\boldsymbol{x})] \geqslant \delta > 0$$

猜想 1　若 $(\boldsymbol{A}(\boldsymbol{x}), \boldsymbol{G}(\boldsymbol{x}))$ 是一致能控的, 那么系统 (5.3.2) 或系统 (5.3.1) 能全局镇定吗?

文献 [37] 对平面系统提出了一个与猜想 1 类似的公开问题. 我们重新陈述如下.

猜想 2 令系统 (5.3.2) 是二维单输入系统, 即 $\boldsymbol{A}(\boldsymbol{x})$ 是 2×2 阶方阵. $\boldsymbol{G}(\boldsymbol{x})=\boldsymbol{b}(\boldsymbol{x})$ 是一个二维向量场, 如果满足下面两个条件:

(1) 存在 $p>0$, 对任意 $\boldsymbol{x}\in\mathbb{R}^2$ 固定, 有

$$\det\left(\int_0^1 e^{\boldsymbol{A}(\boldsymbol{x})t}\boldsymbol{b}(\boldsymbol{x})\boldsymbol{b}^{\mathrm{T}}(\boldsymbol{x})e^{\boldsymbol{A}^{\mathrm{T}}(\boldsymbol{x})t}\mathrm{d}t\right)\geqslant p>0$$

(2) 存在 $M>0$, 对任意 $\boldsymbol{x}\in\mathbb{R}^2$, 有 $\|\boldsymbol{A}(\boldsymbol{x})\|\leqslant M,\|\boldsymbol{b}(\boldsymbol{x})\|\leqslant M$.

问系统 (5.3.2) 能否全局能镇定?

上面两个猜想的回答都是否定的. 为此下面我们来构造反例.

首先我们分两步在平面上构造一个向量场 $\widetilde{\boldsymbol{b}}(\boldsymbol{x})=(\ \widetilde{b}_1(\boldsymbol{x}),\widetilde{b}_2(\boldsymbol{x})\ )^{\mathrm{T}}$ 使得对任意 $\boldsymbol{x}=(x_1,x_2)^{\mathrm{T}}\in\mathbb{R}^2$ 有 $\widetilde{\boldsymbol{b}}(\boldsymbol{x})\neq\boldsymbol{0}$.

第一步 我们指出在平面上的常微分方程 $\dot{\boldsymbol{x}}=\widetilde{\boldsymbol{b}}(\boldsymbol{x})$, 对任意 $\boldsymbol{x}\in\mathbb{R}^2$ 有 $\widetilde{\boldsymbol{b}}(\boldsymbol{x})\neq\boldsymbol{0}$, 则可以定义一个没有奇点 (即曲线退化为一个点) 的光滑曲线族, 反之亦然. 因此下一步我们采用在平面上构造恰当的光滑曲线族, 而不是直接构造向量场 $\widetilde{\boldsymbol{b}}(\boldsymbol{x})$.

第二步 我们找到一族光滑曲线如下:

$$\left\{y=\frac{1}{\cos x}+c\middle|x\in\left(-\frac{\pi}{2},\frac{\pi}{2}\right),\quad c\geqslant 0\right\} \tag{5.3.3}$$

这族曲线覆盖类带状区域 $D=\left\{(x,y)|y\geqslant\frac{1}{\cos x},x\in\left(-\frac{\pi}{2},\frac{\pi}{2}\right)\right\}$, 然后做一条把平面分为 D_1 和 D_2 两部分的阴阳曲线①, 如图 5.6 所示.

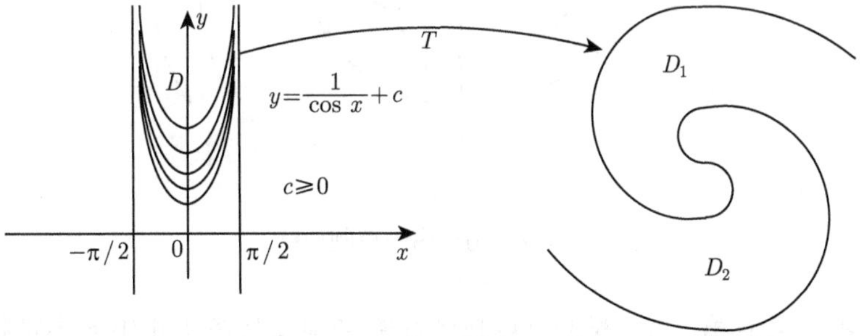

图 5.6 阴阳曲线分割平面

不难明白, 我们可以扭转类带状区域 D, 使得它像螺线那样旋转和刚好覆盖区域 D_1, 即做一个微分同胚变换 $T:\ D\rightarrow D_1$; 同样对区域 D_2 也做类似的变换.

① “阴阳曲线” 概念可参见文献 [41].

因此在区域 D 中由式 (5.3.3) 定义的每一条曲线都被变换为在 D_1 或 D_2 中对应的曲线. 因为 $D_1 \cup D_2 = \mathbb{R}^2$, 所有我们得到了一族没有奇点的光滑曲线, 它们刚好完全覆盖全平面 $\mathbb{R}^2$.

第三步　我们选择下面系统:

$$\begin{aligned}\dot{x}_1 &= \pi x_1 + 2\pi x_2 \\ \dot{x}_2 &= -2\pi x_1 + \pi x_2\end{aligned} \tag{5.3.4}$$

它的原点 (平衡点) 是不稳定的焦点. 因此我们可以选取系统 (5.3.4) 的一条轨线 γ_1 和 γ_1 上一点 P. 然后再挑选系统 (5.3.4) 的另外一条轨线 γ_2 和 γ_2 上一点 Q (图 5.7). 现在我们可以再找一条曲线 $\boldsymbol{\alpha}$ 在点 P 和 Q 上光滑连接 γ_1 和 γ_2 且使得在 $\boldsymbol{\alpha}$ 上系统 (5.3.4) 的向量场都进入曲线 Γ 的外侧. 这里曲线 Γ 是由 γ_1 从 P 出发的正半轨、γ_2 从 Q 出发的正半轨, 以及曲线 $\boldsymbol{\alpha}$ 组成. 这样曲线 Γ 分割平面为两个不相交的部分, 分别记为 U 和 W. 其中包含原点的部分记为 W, 另外一部分记为 U, 如图 5.7 所示.

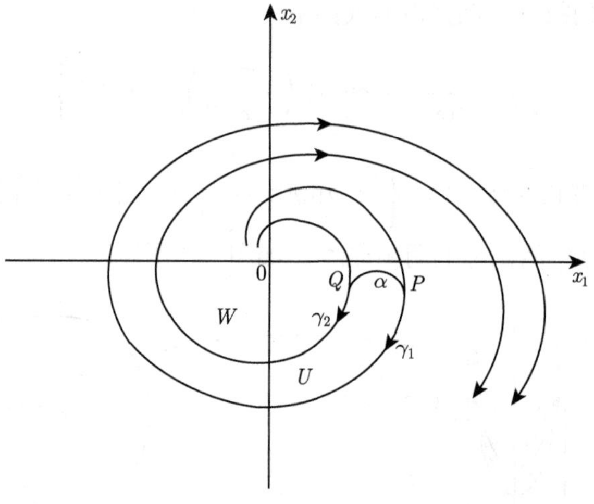

图 5.7　构造阴阳控制曲线

第四步　类似第二步, 我们可以扭转和恰当地变形图 5.6 中的类带状区域 D 使得其变为图 5.7 中的区域 U. 显然, 类带状区域 D 中由式 (5.3.3) 定义的曲线在上面扭转变形中不会退化为一个点. 于是 D 中的每一条曲线都变形为 U 中的对应曲线.

第五步　类似第四步, 我们扭转变形图 5.6 中的区域 D 到图 5.7 中的区域 W 使得区域 D 中由式 (5.3.3) 定义的曲线也变形为 W 中的对应曲线. 由此, 刚好覆盖全平面的一族曲线. 特别指出, 由于光滑函数是非刚性的, 故上述变形都是可实现的.

这样在平面 $\mathbb{R}^2$ 上的每一点, 都有通过它的一条光滑曲线. 由第一步, 我们就可以在平面 $\mathbb{R}^2$ 上定义恒不为零的向量场 $\widetilde{\boldsymbol{b}}(\boldsymbol{x})$, 再令 $\boldsymbol{b}(\boldsymbol{x})=\widetilde{\boldsymbol{b}}(\boldsymbol{x})/\|\widetilde{\boldsymbol{b}}(\boldsymbol{x})\|$, 则对任意 $\boldsymbol{x}\in\mathbb{R}^2$ 有 $\|\boldsymbol{b}(\boldsymbol{x})\|=1$.

现在我们考虑如下控制系统:

$$\begin{aligned}\dot{x}_1&=\pi x_1+2\pi x_2+b_1(x_1,x_2)u\\ \dot{x}_2&=-2\pi x_1+\pi x_2+b_2(x_1,x_2)u\end{aligned}\tag{5.3.5}$$

其中, $(b_1(x_1,x_2),b_2(x_1,x_2))^{\mathrm{T}}=\boldsymbol{b}(\boldsymbol{x})$ 如前所定义.

根据文献 [37] 中定义的线性可达性, 我们有 $e^{\boldsymbol{A}t}=e^{\pi t}\begin{pmatrix}\cos 2\pi t, & \sin 2\pi t\\ -\sin 2\pi t, & \cos 2\pi t\end{pmatrix}$.

于是

$$\begin{aligned}&\int_0^1 e^{\boldsymbol{A}t}\boldsymbol{b}(\boldsymbol{x}_0)\boldsymbol{b}(\boldsymbol{x}_0)^{\mathrm{T}}e^{\boldsymbol{A}^{\mathrm{T}}t}\mathrm{d}t\\ =&\int_0^1 e^{2\pi t}\begin{pmatrix}\cos 2\pi t, & \sin 2\pi t\\ -\sin 2\pi t, & \cos 2\pi t\end{pmatrix}\begin{pmatrix}b_1(\boldsymbol{x}_0)\\ b_2(\boldsymbol{x}_0)\end{pmatrix}\\ &\begin{pmatrix}b_1(\boldsymbol{x}_0), b_2(\boldsymbol{x}_0)\end{pmatrix}\begin{pmatrix}\cos 2\pi t, & -\sin 2\pi t\\ \sin 2\pi t, & \cos 2\pi t\end{pmatrix}\mathrm{d}t\\ =&\frac{e^{2\pi}-1}{10\pi}\begin{pmatrix}3b_1^2-2b_1b_2+2b_2^2, & b_1^2+b_1b_2-b_2^2\\ b_1^2+b_1b_2-b_2^2, & 2b_1^2+2b_1b_2+3b_2^2\end{pmatrix}\end{aligned}$$

其中, b_1 和 b_1 都省略自变量符号 (x_1,x_2). 再根据上面向量场 $\boldsymbol{b}(\boldsymbol{x})$ 的定义, 有 $b_1^2+b_2^2=1$. 于是

$$\begin{aligned}&\det\left(\int_0^1 e^{\boldsymbol{A}t}\boldsymbol{b}(\boldsymbol{x}_0)\boldsymbol{b}(\boldsymbol{x}_0)^{\mathrm{T}}e^{\boldsymbol{A}^{\mathrm{T}}t}\mathrm{d}t\right)\\ =&\left(\frac{e^{2\pi}-1}{10\pi}\right)^2 5(b_1^2+b_2^2)^2=\frac{(e^{2\pi}-1)^2}{20\pi^2}(b_1^2+b_2^2)^2\\ =&\frac{(e^{2\pi}-1)^2}{20\pi^2}>0\end{aligned}\tag{5.3.6}$$

根据向量场 $\boldsymbol{b}(\boldsymbol{x})$ 的定义, 我们有曲线 $\varGamma$ (即由曲线 $\boldsymbol{\alpha}$、曲线 $\boldsymbol{\gamma}_1$ 和 $\boldsymbol{\gamma}_2$ 分别从 P 和 Q 出发的正半轨组成的曲线) 是系统 (5.3.5) 的控制曲线, 且系统 (5.3.5) 的全局能控性判据函数 $\mathcal{C}(\boldsymbol{x})$ 在 $\varGamma$ 上不变号. 因此系统 (5.3.5) 不是全局能控的.

另外, 因为在 Γ 上的系统向量场, 或者说方程 (5.3.4) 的向量场, 都进入 Γ 的外侧或者与 Γ 平行, 所以 Γ 是阻碍曲线. 因此系统 (5.3.5) 不是全局渐近能控的, 也不是全局能镇定的. 因此系统 (5.3.5) 就是猜想 2 的一个反例.

最后我们证明系统 (5.3.5) 也是猜想 1 的反例. 显然一致能控性的条件 1 是满足的, 下面证明系统 (5.3.5) 也满足一致能控性的条件 2.

因为 $\boldsymbol{A}(\boldsymbol{x}) = \begin{pmatrix} \pi & 2\pi \\ -2\pi & \pi \end{pmatrix}$, $\boldsymbol{b}(\boldsymbol{x}) = \begin{pmatrix} b_1(x_1,x_2) \\ b_2(x_1,x_2) \end{pmatrix}$, 所以有

$$\boldsymbol{Q}(\boldsymbol{x}) = \begin{pmatrix} b_1(x_1,x_2) & \pi(b_1(x_1,x_2)+2b_2(x_1,x_2)) \\ b_2(x_1,x_2) & \pi(-2b_1(x_1,x_2)+b_2(x_1,x_2)) \end{pmatrix} \tag{5.3.7}$$

又因为

$$\det[\boldsymbol{Q}(\boldsymbol{x})] = -2\pi[b_1^2(x_1,x_2)+b_2^2(x_1,x_2)] = -2\pi$$

故

$$\det[\boldsymbol{Q}(\boldsymbol{x})\boldsymbol{Q}^{\mathrm{T}}(\boldsymbol{x})] = 4\pi^2 > 0$$

因此系统 (5.3.5) 也是猜想 1 的反例.

综上所述, 猜想 1 和猜想 2 的结论都是否定的.

参 考 文 献

[1] 苏维宜. 近代分析引论 [M]. 北京: 北京大学出版社, 2000.

[2] Milnor J W. 从微分观点看拓扑 [M]. 熊金城译. 北京: 人民邮电出版社, 2008.

[3] 张筑生. 微分拓扑新讲 [M]. 北京: 北京大学出版社, 2002.

[4] Whitney H. Analytic extensions of differentiable functions defined in closed sets [J]. Transactions of the American Mathematical Society, 1934, 36(1): 63–89.

[5] Stein E M, 1986. 奇异积分与函数的可微性 [M]. 程民德, 邓东皋, 周民强, 等译. 北京: 北京大学出版社, 1986.

[6] 潘文杰. 傅里叶分析及其应用 [M]. 北京: 北京大学出版社, 2000.

[7] 熊金城. 点集拓扑讲义 [M]. 北京: 高等教育出版社, 1997.

[8] 张芷芬, 丁同仁, 黄文灶, 等. 微分方程定性理论 [M]. 北京: 科学出版社, 1997.

[9] 张锦炎, 冯贝叶. 常微分方程几何理论与分支问题 [M]. 北京: 北京大学出版社, 2000.

[10] Khalil H K. Nonlinear Systems[M]. New Jersey: Prentice-Hall, 1996.

[11] Arnold V I. 常微分方程 [M]. 沈家骐, 周宝熙, 卢亭鹤译. 北京: 高等教育出版社, 2001.

[12] Pontryagin L S. 常微分方程 [M]. 林武忠, 倪明康译. 北京: 高等教育出版社, 2006.

[13] 杨路, 夏壁灿. 不等式机器证明与自动发现 [M]. 北京: 科学出版社, 2008.

[14] Basu S, Pollack R, Roy M F. Algorithms in Real Algebraic Geometry[M]. Heidelberg: Springer, 2006.

[15] Jacobson N. 基础代数 (第一卷) [M]. 上海师范大学数学系代数教研室译. 北京: 高等教育出版社, 1988.

[16] Collins G E, Loos R. Real zeros of polynomials[Z]//Buchberger B, Collins G E, Loos R. Computer Algebra: Symbolic and Algebraic Computation. Wien: Springer, 1982: 83–94.

[17] 程代展. 非线性系统的几何理论 [M]. 北京: 科学出版社, 1988.

[18] 余家荣. 复变函数 [M]. 北京: 高等教育出版社, 2014.

[19] 孙铁民. 控制理论引论 [M]. 北京: 科学出版社, 2021.

[20] Iacono R, Russo F. Class of solvable nonlinear oscillators with isochronous orbits [J]. Physical Review E, 2011, 83(2): 027601.

[21] Qian C, Lin W. A continuous feedback approach to global strong stabilization of nonlinear systems [J]. IEEE Transactions on Automatic Control, 2001, 46(7): 1061–1079.

[22] Brockett R W, 2000. Beijing Lectures on Nonlinear Control Systems[Z]//Guo L, Yau S T. Lectures on Systems, Control, and Information. AMS/IP Studies in Advanced Mathematics: 1-48.

[23] Bloch A M. Nonholonomic Mechanics and Control[M]. New York: Springer, 2003.

[24] GuoY Q, Xi Z R, Cheng D Z, 2007. Speed regulation of permanent magnet synchronous motor via feedback dissipative hamiltonian realization [J]. Control Theory & Applications, IET, 2007, 1(1): 281–290.

[25] 张映鹏. 一类平面仿射多项式系统全局能控性的构造性判据 [D]. 广州: 中山大学数学与计算科学学院, 2015.

[26] Chiasson J, Bodson M. Nonlinear control of a shunt DC motor [J]. IEEE Transactions on Automatic Control, 1993, 38(11): 1662–1666.

[27] Isidori A. Nonlinear Control Systems[M]. London: Springer, 1995.

[28] Hong Y G. Finite-time stabilization and stabilizability of a class of controllable systems [J]. Systems & Control Letters, 2002, 46(4): 231–236.

[29] Clarke F H, Ledyaev Y S, Sontag E D, et al. Asymptotic controllability implies feedback stabilization [J]. IEEE Transactions on Automatic Control, 1997, 42(10): 1394–1407.

[30] Brockett R W, 1983. Asymptotic Stability and Feedback Stabilization [Z]//Brockett R W, Millman R S, Sussmann H J. Differential Geometric Control Theory. Boston: Birkhauser Inc.: 181-191.

[31] Coron J M. A necessary condition for feedback stabilization [J]. Systems & Control Letters, 1990, 14(3): 227–232.

[32] Zabczyk J. Some comments on stabilizability [J]. Applied Mathematics & Optimization, 1989, 19(1): 1–9.

[33] Astolfi A. Discontinuous control of nonholonomic systems [J]. Systems & Control Letters, 1996, 27(1): 37–45.

[34] Bacciotti A. Local Stabilizability of Nonlinear Control Systems[M], Singapore: World Scientific, 1992.

[35] Sussmann H J. Subanalytic sets and feedback control [J]. Journal of Differential Equations, 1979, 31(1): 31–52.

[36] 钱学森. 工程控制论 [M]. 戴汝为, 何善堉译. 上海: 上海交通大学出版社, 2007.

[37] Hu X M, Martin C. Linear reachability versus global stabilization [J]. IEEE Transactions on Automatic Control, 1999, 44(6): 1303–1305.

[38] Friedland B. Advanced Control System Design[M]. New Jersey: Prentice-Hall, 1996.

[39] Cimen T. State-dependent Riccati equation (SDRE) control: a survey [C]. Proceedings of the 17th World Congress of the International Federation of Automatic Control, 2008: 3761–3775.

[40] Zhao C, Guo L. PID controller design for second order nonlinear uncertain systems [J]. Science China-Information Sciences, 2017, 60(2): 022201.

[41] Chou K S, Zhu X P. The Curve Shortening Problem[M]. Boca Raton: Chapman & Hall/CRC, 2001.

[42] Brockett R W. System theory on group manifolds and coset spaces [J]. SIAM Journal on Control, 1972, 10(2): 265–284.

[43] Sussmann H J, Jurdjevic V. Controllability of nonlinear systems [J]. Journal of Differential Equations, 1972, 12(1): 95–116.

[44] Hermann R, Krener A J. Nonlinear controllability and observability [J]. IEEE Transactions on Automatic Control, 1977, 22(5): 728–740.

[45] Hunt L R. Global controllability of nonlinear systems in two dimensions [J]. Math Systems Theory, 1980, 13:361–376.

[46] Hunt L R. n-dimensional controllability with $n-1$ controls [J]. IEEE Transactions on Automatic Control, 1982, 27(1):113–117.

[47] Aeyels D. Local and global controllability for nonlinear systems [J]. Systems & Control Letters, 1984, 5: 19–26.

[48] Emel'yanov S V, Korovin S K, Nikitin S V. Controllability of nonlinear systems and systems on a foliation [J]. Soviet Physics Doklady, 1988, 33(3): 167–169.

[49] Sun Y M. Necessary and sufficient condition on global controllability of planar affine nonlinear systems [J]. IEEE Transactions on Automatic Control, 2007, 52(8): 1454–1460.

[50] Sun Y M, Mei S W, Lu Q. On global controllability of planar affine nonlinear systems with a singularity [J]. Systems & Control Letters, 2009, 58(2): 124–127.

[51] Sun Y M. Further results on global controllability of planar nonlinear systems [J]. IEEE Transactions on Automatic Control, 2010, 55(8): 1872–1875.

[52] Sun Y M, Mei S W, Lu Q. On global controllability of affine nonlinear systems with a triangular-like structure [J]. Science in China, 2007, 50(6): 831–845.

[53] Sun Y M, Mei S W, Lu Q. Necessary and sufficient condition for global controllability of a class of affine nonlinear systems [J]. Journal of Systems Science & Complexity, 2007, 20(6): 492–500.

[54] Sun Y M. On the global controllability for a class of 3-dimensional nonlinear systems with two inputs [C]. Proceedings of the 35th Chinese Control Conference, 2016: 941–944.

[55] Sun Y M. Global controllability of a class of 3-dimensional affine nonlinear systems [C]. Proceedings of the 29th Chinese Control Conference, 2010: 343–346.

[56] Sun Y M. Global controllability for a class of 4-dimensional affine nonlinear systems [C]. Proceedings of the 30th Chinese Control Conference, 2011: 397–400.

[57] Sun Y M. On global controllability for a class of polynomial affine nonlinear systems [J]. Journal of Control Theory and Applications, 2012, 10(3): 332–336.

[58] Li Q Q, Xu X L, Sun Y M. A constructive criterion algorithm of the global controllability for a class of planar polynomial systems [J]. IET Control Theory and Applications, 2015, 9(5): 811–816.

[59] Xu X L, Li Q Q, Sun Y M. Application of sturm theorem in the global controllability of a class of high dimensional polynomial systems [J]. Journal of Systems Science and Complexity, 2015, 28(5): 1049–1057.

[60] Sun Y M, Guo L. On globally asymptotic controllability of planar affine nonlinear systems [J]. Science in China, 2005, 48(6): 703–712.

[61] Sun Y M. Linear controllability versus global controllability [J]. IEEE Transactions on Automatic Control, 2009, 54(7): 1693–1697.

[62] Sun Y M, Guo L. On controllability of some classes of affine nonlinear systems [Z]//Glad T, Hendeby G. Forever Ljung in System Identification, Lund: Studentlitteratur, 2006: 127–146.

[63] Sastry S. Nonlinear Systems: Analysis, Stability, and Control[M]. New York: Springer, 1999.

[64] 《控制理论若干瓶颈问题》项目组. 控制理论若干瓶颈问题 [M]. 北京: 科学出版社, 2022.

[65] Cook M. Mathematicians: An Outer View of the Inner World[M]. Princeton: Princeton University Press, 2009.

[66] Aizerman M A, Gantmacher F R. Absolute Stability of Regulator Systems[M]. Translated by Polak E. San Francisco: Holden-Day, Inc., 1964.

索引

后　记

没有完全解决了的问题, 只有差不多被解决的问题.

亨利•庞加莱 (1854—1912)

1

20 世纪 70 年代, 在众多控制学家的努力下, 非线性系统的局部能控性问题已差不多被解决了, 可参见文献 [42]~[44] 等. 全局能控性问题虽然在当时也获得关注, 但进展缓慢. 直到 80 年代中期, 仍未获得明显突破. 不过在本书中为解决非线性系统全局能控性而提出的一些想法在当时的文献中也陆续出现, 比如文献 [45]~[48].

平面单输入系统的全局能控性问题目前或许可以说已经基本上解决了, 可高维非线性系统的全局能控性仍没有实质性进展, 甚至可以说仍未得其门而入. 或许一般高维非线性系统的全局能控性本来就不是一个或几个简单的定理能回答清楚的. 下面假设所有函数都有足够的光滑性. 考虑如下仿射非线性系统:

$$\dot{x}_1 = f_1(x_1, x_2, x_3) \tag{H.1.1}$$

$$\dot{x}_2 = f_2(x_1, x_2, x_3) \tag{H.1.2}$$

$$\dot{x}_3 = u \tag{H.1.3}$$

不难猜测此系统的全局能控性应该等价于其子系统:

$$\dot{x}_1 = f_1(x_1, x_2, v) \tag{H.1.4}$$

$$\dot{x}_2 = f_2(x_1, x_2, v) \tag{H.1.5}$$

的全局能控性. 而子系统 (H.1.4)~(H.1.5) 不是仿射非线性系统, 从第 2 章 2.3 节中的讨论来看, 很难想象一个简单的定理能描述清楚它的全局能控性.

对于单输入的高维仿射非线性系统, 或许可以猜测一下它的全局能控性所需的条件. 考虑下面单输入仿射非线性系统:

$$\dot{\boldsymbol{x}} = \boldsymbol{f}(\boldsymbol{x}) + \boldsymbol{g}(\boldsymbol{x})u(\cdot), \quad \boldsymbol{x} \in \mathbb{R}^n, \quad u(\cdot) \in \mathbb{R} \tag{H.1.6}$$

令 $\boldsymbol{g}_1(\boldsymbol{x}) = \boldsymbol{g}(\boldsymbol{x})$, $\boldsymbol{g}_2(\boldsymbol{x}) = [\boldsymbol{f}, \boldsymbol{g}_1](\boldsymbol{x})$, $\cdots$, $\boldsymbol{g}_k(\boldsymbol{x}) = [\boldsymbol{f}, \boldsymbol{g}_{k-1}](\boldsymbol{x})$, $\cdots$, $\boldsymbol{g}_{n-1}(\boldsymbol{x}) = [\boldsymbol{f}, \boldsymbol{g}_{n-2}](\boldsymbol{x})$, 其中 $[\cdot,\cdot]$ 是李方括号积. 则 $\{\boldsymbol{g}_1, \boldsymbol{g}_2, \cdots, \boldsymbol{g}_{n-1}\}$ 在 $\mathbb{R}^n$ 上赋予了一个分布. 又假设此分布是非奇异且是对合的, 则根据 Frobenius 定理可知通过 $\mathbb{R}^n$ 内的任意一点 $\boldsymbol{x}_0$, 存在由此分布张成的一个极大积分超曲面, 称之为控制超曲面. 再假设每一控制超曲面都把状态空间 $\mathbb{R}^n$ 恰好分为两部分.

在上面假设下, 有如下猜想: 系统 (H.1.6) 是全局能控的, 当且仅当函数 $\det[\boldsymbol{f}, \boldsymbol{g}_1, \boldsymbol{g}_2, \cdots, \boldsymbol{g}_{n-1}]$ 在每一控制超曲面上变号.

2

本书是作者多年研究非线性系统的全局能控性工作的一个小结, 其中第 2 章主要来自文献 [49]~[52], 第 3 章来自文献 [52]~[54], 第 4 章来自文献 [55]~[59], 第 5 章来自文献 [60]~[62]. 虽多年研究非线性系统的全局能控性问题, 然而作者进入控制理论研究却是从全局镇定问题开始的. 2002 年作者考入中国科学院系统科学研究所师从郭雷院士攻读博士学位. 郭雷老师给的问题就是本书 5.3 节中的猜想 1, 下面我们称之为郭猜想. 从思想源流上看, 郭猜想应该可以追溯到控制理论中的两个经典猜想—— Aizerman 猜想和 Kalman 猜想[63,64]. 这两个猜想后来都被证明是错误的, 但是都推动了控制理论的发展. 郭猜想虽也不正确, 但至少促成了本书.

研究控制系统的镇定问题, 自然绕不开李雅普诺夫稳定性理论. 菲尔兹奖获得者 W.P. Thurston 曾说过:“数学不是围绕着数字、方程、计算或算法的, 它是围绕着理解的”[65]. 那现在我们应该如何理解李雅普诺夫稳定性, 或者更确切地说, 如何理解李雅普诺夫全局渐近稳定性? 为叙述方便, 下面均把李雅普诺夫全局渐近稳定性简称为全局渐近稳定性.

考虑下面常微分方程系统:

$$\dot{\boldsymbol{x}} = \boldsymbol{f}(\boldsymbol{x}), \quad \boldsymbol{x} \in \mathbb{R}^n \tag{H.2.1}$$

其中, 向量场 $\boldsymbol{f}$ 满足足够的光滑性且原点 $\mathbf{0}$ 是 $\boldsymbol{f}$ 的唯一零点.

如何理解系统 (H.2.1) 关于原点的全局渐近稳定性? 李雅普诺夫从能量/位势的角度出发, 创造性地提出了众所周知的李雅普诺夫函数法. 下面我们尝试能否有新的理解方式. 我们把整个向量场 $\boldsymbol{f}(\boldsymbol{x})$ 看作整体, 然后可以适当地 “扭曲” 此向量场. 如果向量场 $\boldsymbol{f}(\boldsymbol{x})$ 是全局渐近稳定的, 那它应该可以 “扭曲” 成标准形式 $\dot{\boldsymbol{x}} = -\boldsymbol{x}$①. 换句话说, 所有全局渐近稳定的系统/向量场在本质上 “长相” 都是一样的. 现在我们尝试把这个观点用数学语言表达出来.

① 在后记中我们称 $\dot{\boldsymbol{x}} = -\boldsymbol{x}$ 为系统全局渐近稳定的标准形式.

令 $\boldsymbol{H}(\boldsymbol{x})$ 为 $\mathbb{R}^n$ 到 $\mathbb{R}^n$ 上的微分同胚变换, 于是 $\dfrac{\partial \boldsymbol{H}}{\partial \boldsymbol{x}}\boldsymbol{f}(\boldsymbol{x})$ 把向量场 $\boldsymbol{f}(\boldsymbol{x})$ 映射为向量场 $\dfrac{\partial \boldsymbol{H}}{\partial \boldsymbol{x}}\boldsymbol{f}(\boldsymbol{x})$, 我们把它们称为同相的. 在这里我们的思路是把 $\boldsymbol{f}(\boldsymbol{x})$ 和 $\dfrac{\partial \boldsymbol{H}}{\partial \boldsymbol{x}}\boldsymbol{f}(\boldsymbol{x})$ 两个向量场在同一个相空间上考虑.

定义 H.1 设光滑向量场 $\boldsymbol{f}(\boldsymbol{x})$ 和 $\boldsymbol{g}(\boldsymbol{x})$ 分别定义在区域 $D_1 \subseteq \mathbb{R}^n$ 和 $D_2 \subseteq \mathbb{R}^n$ 上. 若存在一个从 D_1 到 D_2 的微分同胚 $\boldsymbol{H}(\boldsymbol{x})$ 使得 $\boldsymbol{g}(\boldsymbol{x}) = \dfrac{\partial \boldsymbol{H}}{\partial \boldsymbol{x}}\boldsymbol{f}(\boldsymbol{x})$, 则称向量场 $\boldsymbol{g}(\boldsymbol{x})$ 与 $\boldsymbol{f}(\boldsymbol{x})$ 是**同相的**.

显然, 若 $\boldsymbol{g}(\boldsymbol{x})$ 与 $\boldsymbol{f}(\boldsymbol{x})$ 是同相的, 则 $\boldsymbol{f}(\boldsymbol{x})$ 与 $\boldsymbol{g}(\boldsymbol{x})$ 是同相的, 即同相性具有对称性. 类似地, 同相性也具有传递性, 即若 $\boldsymbol{g}(\boldsymbol{x})$ 与 $\boldsymbol{f}(\boldsymbol{x})$ 是同相的, $\boldsymbol{h}(\boldsymbol{x})$ 与 $\boldsymbol{g}(\boldsymbol{x})$ 是同相的, 则 $\boldsymbol{h}(\boldsymbol{x})$ 与 $\boldsymbol{f}(\boldsymbol{x})$ 是同相的.

易知, 若 $\boldsymbol{x} = \varphi(t)$ 是向量场 $\boldsymbol{f}(\boldsymbol{x})$ 的轨线, 于是 $\varphi'(t)$ 在曲线 $\varphi(t)$ 每一点上都与向量 $\boldsymbol{f}(\varphi(t))$ 平行. 这样我们有 $\boldsymbol{H}(\boldsymbol{x}) = \boldsymbol{H}(\varphi(t))$ 的切向量也与 $\boldsymbol{g}(\varphi(t))$ 平行. 注意曲线 $\boldsymbol{H}(\varphi(t))$ 一般不是向量场 $\boldsymbol{g}(\boldsymbol{x})$ 的轨线, 即 $\boldsymbol{H}(\varphi(t))$ 不是方程 $\dot{\boldsymbol{x}} = \boldsymbol{g}(\boldsymbol{x})$ 的解轨线, 这是由于曲线 $\boldsymbol{H}(\varphi(t))$ 与 $\dot{\boldsymbol{x}} = \boldsymbol{g}(\boldsymbol{x})$ 的解轨线在时间尺度上一般不一致.

根据上面讨论, 如果我们把系统的轨线看作曲线, 则向量场 $\boldsymbol{f}(\boldsymbol{x})$ 与向量场 $\boldsymbol{g}(\boldsymbol{x})$ 的解曲线是可以一一对应的, 即方程 $\dot{\boldsymbol{x}} = \boldsymbol{f}(\boldsymbol{x})$ 与方程 $\dot{\boldsymbol{x}} = \boldsymbol{g}(\boldsymbol{x})$ 的解轨线作为曲线看是可以一一对应的.

另外, 我们还需注意作为轨线考虑还有可能运动方向是相反的问题, 即曲线 $\boldsymbol{H}(\varphi(t))$ 运动的正方向可能是方程 $\dot{\boldsymbol{x}} = \boldsymbol{g}(\boldsymbol{x})$ 解轨线运动的负方向. 例如, 考虑一维系统: $f(x) = -x$ 和 $g(x) = x$. 易知微分同胚变换 $H = -x$ 把向量场 $-x$ 变为 x, 然而一维向量场 $f(x) = -x$ 的轨线是 $e^{-t}x_0$. 如果看作曲线在 $H = -x$ 变换下则变为曲线 $-e^{-\tau}x_0$, $g(x) = x$ 的轨线是 $e^t x_0$. 虽然曲线 $-e^{-\tau}x_0$ 扫过的路径与曲线 $e^t x_0$ 扫过的路径存在对应关系, 但是不能看作对应系统的解轨线. 另外在这里还有运动方向相反的问题.

总之, 曲线 $\boldsymbol{H}(\varphi(t))$ 与 $\dot{\boldsymbol{x}} = \boldsymbol{g}(\boldsymbol{x})$ 的某一解轨线作为曲线是在相空间上重合的, 但在时间尺度上一般是不一致的, 且方向也有可能相反.

现在我们假设光滑向量场 $\boldsymbol{f}(\boldsymbol{x})$ 和 $\boldsymbol{g}(\boldsymbol{x})$ 分别定义在区域 $D_1 \subseteq \mathbb{R}^n$ 和 $D_2 \subseteq \mathbb{R}^n$ 上, 且 D_1 和 D_2 都包含原点. 又令 $\boldsymbol{f}(\mathbf{0}) = \mathbf{0}$ 和 $\boldsymbol{g}(\mathbf{0}) = \mathbf{0}$. 再令 $\boldsymbol{f}(\boldsymbol{x})$ 和 $\boldsymbol{g}(\boldsymbol{x})$ 在微分同胚 $\boldsymbol{H}(\boldsymbol{x})$ 下是同相的, 且 $\boldsymbol{H}(\mathbf{0}) = \mathbf{0}$.

现在我们假设系统 (H.2.1) 是全局渐近稳定的. 令 $\varphi(t)$ 是系统 (H.2.1) 的一解轨线, 于是曲线 $\boldsymbol{H}(\varphi(t))$ 与 $\dot{\boldsymbol{x}} = \boldsymbol{g}(\boldsymbol{x})$ 的一解轨线重合. 因为 $\lim_{t\to+\infty}\varphi(t) = \mathbf{0}$, 故 $\lim_{t\to+\infty}\boldsymbol{H}(\varphi(t)) = \mathbf{0}$. 注意 $\boldsymbol{H}(\varphi(t))$ 的正方向未必是方程 $\dot{\boldsymbol{x}} = \boldsymbol{g}(\boldsymbol{x})$ 解轨线

的正方向, 但曲线 $\boldsymbol{H}(\varphi(t))$ 必定有一端是方程 $\dot{\boldsymbol{x}}=\boldsymbol{g}(\boldsymbol{x})$ 解轨线的正方向. 如果我们再假设方程 $\dot{\boldsymbol{x}}=\boldsymbol{g}(\boldsymbol{x})$ 是局部渐近稳定的, 则 $\boldsymbol{H}(\varphi(t))$ 的正方向必定是方程 $\dot{\boldsymbol{x}}=\boldsymbol{g}(\boldsymbol{x})$ 解轨线的正方向.

综上所述, 我们有下面命题.

命题 H.1 光滑向量场 $\boldsymbol{f}(\boldsymbol{x})$ 和 $\boldsymbol{g}(\boldsymbol{x})$ 分别定义在包含原点 $\mathbf{0}$ 的区域 $D_1\subseteq\mathbb{R}^n$ 和 $D_2\subseteq\mathbb{R}^n$ 上, 且 $\boldsymbol{f}(\mathbf{0})=\mathbf{0}$、$\boldsymbol{g}(\mathbf{0})=\mathbf{0}$. $\boldsymbol{H}(\boldsymbol{x})$ 是从 D_1 到 D_2 的微分同胚且 $\boldsymbol{H}(\mathbf{0})=\mathbf{0}$. 令 $\boldsymbol{f}(\boldsymbol{x})$ 和 $\boldsymbol{g}(\boldsymbol{x})$ 在微分同胚 $\boldsymbol{H}(\boldsymbol{x})$ 下是同相的. 若

$$\dot{\boldsymbol{x}}=\boldsymbol{f}(\boldsymbol{x})$$

是局部渐近稳定的且吸引域是 D_1, 又

$$\dot{\boldsymbol{x}}=\boldsymbol{g}(\boldsymbol{x})$$

是局部渐近稳定的, 则系统 $\dot{\boldsymbol{x}}=\boldsymbol{g}(\boldsymbol{x})$ 的吸引域是 D_2. 进一步, 若 $D_2=\mathbb{R}^n$, 则系统 $\dot{\boldsymbol{x}}=\boldsymbol{g}(\boldsymbol{x})$ 是全局渐近稳定的.

简而言之, 上面命题就是说, 对两个同相的向量场 $\boldsymbol{f}(\boldsymbol{x})$ 和 $\boldsymbol{g}(\boldsymbol{x})$, 以及它们对应的系统 $\dot{\boldsymbol{x}}=\boldsymbol{f}(\boldsymbol{x})$ 和 $\dot{\boldsymbol{x}}=\boldsymbol{g}(\boldsymbol{x})$, 假设这两个系统都是局部渐近稳定的, 若其中一个是全局渐近稳定的, 则另一个也是全局渐近稳定的.

3

由命题 H.1, 研究常微分方程 $\dot{\boldsymbol{x}}=\boldsymbol{f}(\boldsymbol{x})$ 的全局渐近稳定性, 转化为考虑其是否在 $\mathbb{R}^n$ 上与方程 $\dot{\boldsymbol{x}}=-\boldsymbol{x}$ 同相, 即是否存在从 $\mathbb{R}^n$ 到 $\mathbb{R}^n$ 上满足 $\boldsymbol{H}(\mathbf{0})=\mathbf{0}$ 的微分同胚 $\boldsymbol{H}(\boldsymbol{x})$ 使得

$$\frac{\partial\boldsymbol{H}}{\partial\boldsymbol{x}}\boldsymbol{f}(\boldsymbol{x})=-\boldsymbol{x} \tag{H.3.1}$$

然而, 我们可以证明存在全局微分同胚 $\boldsymbol{H}(\boldsymbol{x})$ 使得方程 (H.3.1) 成立与存在全局的李雅普诺夫函数基本上是一回事. 这样看来对理解系统的全局渐近稳定性, 李雅普诺夫函数法已经是足够本质的了. 虽然构造李雅普诺夫函数非常困难, 但同相性要求偏微分方程 (H.3.1) 有全局解, 这同样不容易. 不过前面的讨论对于具有特殊特点的系统还是有点小用处的. 下面可以来尝试我们所谓的“凑公式”法.

考虑如下平面变量可分离系统:

$$\dot{\boldsymbol{x}}=\boldsymbol{f}(x_1)+\boldsymbol{g}(x_2),\quad \boldsymbol{x}=(x_1,x_2)^{\mathrm{T}} \tag{H.3.2}$$

其中, $\boldsymbol{f}(x_1)=(f_1(x_1),f_2(x_1))^{\mathrm{T}}$, $\boldsymbol{g}(x_2)=(g_1(x_2),g_2(x_2))^{\mathrm{T}}$ 且足够光滑, 又 $\boldsymbol{f}(0)=\mathbf{0}$, $\boldsymbol{g}(0)=\mathbf{0}$. 此时方程 (H.3.1) 变为

$$\frac{\partial H_i}{\partial x_1}(f_1(x_1)+g_1(x_2))+\frac{\partial H_i}{\partial x_2}(f_2(x_1)+g_2(x_2))=-x_i,\quad i=1,2 \tag{H.3.3}$$

这是个偏微分方程组, 求其全局解与构造出李雅普诺夫函数本质上难度差不多, 都不容易求解. 注意我们的目标并不是求解偏微分方程, 于是我们可把方程 (H.3.2) 改写成

$$\dot{\boldsymbol{x}}=\boldsymbol{A}(\boldsymbol{x})\boldsymbol{x} \tag{H.3.4}$$

其中, $\boldsymbol{A}(\boldsymbol{x})=\begin{pmatrix} a_{11}(x_1) & a_{12}(x_2) \\ a_{21}(x_1) & a_{22}(x_2) \end{pmatrix}$. 于是方程 (H.3.1) 变为

$$\frac{\partial \boldsymbol{H}}{\partial \boldsymbol{x}}\boldsymbol{A}(\boldsymbol{x})\boldsymbol{x}=-\boldsymbol{x} \tag{H.3.5}$$

显然方程 (H.3.5) 与方程 (H.3.1) 相比并没有实质性变化. 下面假设对任意 $\boldsymbol{x}\in\mathbb{R}^2$ 矩阵 $\boldsymbol{A}(\boldsymbol{x})$ 是非奇异的, 且令 $\triangle(\boldsymbol{x})=\det[\boldsymbol{A}(\boldsymbol{x})]$. 因为全局渐近稳定的系统必须是局部渐近稳定的, 所以需假设 $\triangle(\boldsymbol{x})>0$, $\forall\boldsymbol{x}\in\mathbb{R}^2$. 再假设

$$\frac{\partial \boldsymbol{H}}{\partial \boldsymbol{x}}\boldsymbol{A}(\boldsymbol{x})=-\triangle(\boldsymbol{x})\boldsymbol{I}$$

且令 $\boldsymbol{H}=(H_1,H_2)^{\mathrm{T}}$. 于是

$$\begin{pmatrix} \dfrac{\partial H_1}{\partial x_1} & \dfrac{\partial H_1}{\partial x_2} \\ \dfrac{\partial H_2}{\partial x_1} & \dfrac{\partial H_2}{\partial x_2} \end{pmatrix}=\begin{pmatrix} -a_{22}(x_2) & a_{12}(x_2) \\ a_{21}(x_1) & -a_{11}(x_1) \end{pmatrix} \tag{H.3.6}$$

上面方程不适合进一步处理. 因此我们进一步假设 a_{ij}, $i,j=1,2$, 要么恒等于 0, 要么恒不等于 0. 下面假设所有 a_{ij} 都恒不等于 0. 我们可以把式 (H.3.6) 右边矩阵第一行都除以 $-a_{22}(x_2)$, 第二行都除以 $-a_{11}(x_1)$, 这样我们重新改写式 (H.3.6). 于是重新令

$$\begin{pmatrix} \dfrac{\partial H_1}{\partial x_1} & \dfrac{\partial H_1}{\partial x_2} \\ \dfrac{\partial H_2}{\partial x_1} & \dfrac{\partial H_2}{\partial x_2} \end{pmatrix}=\begin{pmatrix} 1 & -\dfrac{a_{12}(x_2)}{a_{22}(x_2)} \\ -\dfrac{a_{21}(x_1)}{a_{11}(x_1)} & 1 \end{pmatrix} \tag{H.3.7}$$

易知

$$\begin{aligned} H_1 &= x_1 - \int_0^{x_2} \frac{a_{12}(\tau)}{a_{22}(\tau)}\mathrm{d}\tau \\ H_2 &= -\int_0^{x_1} \frac{a_{21}(\tau)}{a_{11}(\tau)}\mathrm{d}\tau + x_2 \end{aligned} \tag{H.3.8}$$

满足式 (H.3.7). 现在最终确定 $\boldsymbol{H}$ 即为式 (H.3.8). 显然 $\boldsymbol{H}$ 定义在 $\mathbb{R}^2$ 上, 但它的像未必是 $\mathbb{R}^2$.

最后我们有

$$\frac{\partial \boldsymbol{H}}{\partial \boldsymbol{x}}\boldsymbol{A}(\boldsymbol{x}) = \begin{pmatrix} \dfrac{\triangle(\boldsymbol{x})}{a_{22}(x_2)} & 0 \\ 0 & \dfrac{\triangle(\boldsymbol{x})}{a_{11}(x_1)} \end{pmatrix}$$

若任意 $x_1, x_2 \in \mathbb{R}$, $a_{11}(x_1) < 0, a_{22}(x_2) < 0$, $\triangle(\boldsymbol{x}) > 0$, 我们可以用李雅普诺夫函数法证明系统:

$$\begin{aligned} \dot{x}_1 &= \frac{\triangle(\boldsymbol{x})}{a_{22}(x_2)}x_1 \\ \dot{x}_2 &= \frac{\triangle(\boldsymbol{x})}{a_{11}(x_1)}x_2 \end{aligned} \tag{H.3.9}$$

是全局渐近稳定的. 再假设 $a_{11}(0) + a_{22}(0) < 0$ (此条件其实已经被前面假设包含) 以保证系统 (H.3.4) 是局部渐近稳定的. 这样根据命题 H.1, 系统 (H.3.4) 是全局渐近稳定的. 综上所述, 我们有如下命题.

命题 H.2　考虑系统 (H.3.4), 其各项均有足够的光滑性. 若其满足下面条件:

(1) $\det[\boldsymbol{A}(\boldsymbol{x})] > 0$, $\forall \boldsymbol{x} \in \mathbb{R}^2$, 即 $a_{11}(x_1)a_{22}(x_2) - a_{12}(x_2)a_{21}(x_1) > 0$;

(2) 对任意 $x_1, x_2 \in \mathbb{R}$, $a_{11}(x_1) < 0$, $a_{22}(x_2) < 0$, $a_{21}(x_1) \neq 0$, $a_{12}(x_2) \neq 0$①,

则系统 (H.3.4) 是全局渐近稳定的.

从理论上讲, 上面所谓的"凑公式"法对高维系统也有效, 不过所需条件一般难以满足, 除非系统极为巧合. 下面我们以文献 [66] 中一例来说明.

例 H.1　考虑下面系统[66]

$$\begin{aligned} \dot{x}_1 &= -cx_1 + x_2 - \varphi(x_1) \\ \dot{x}_2 &= -x_1 + x_3 \\ \dot{x}_3 &= -cx_1 + b\varphi(x_1) \end{aligned} \tag{H.3.10}$$

其中, 参数 $b > 0$、$c > 0$.

① 若 $a_{21}(x_1)$ 和 $a_{12}(x_2)$ 中有一项或两项恒为零, 此命题结论仍然正确.

假设 $\varphi(x_1)$ 足够光滑且有 $\varphi(0)=0$. 再令 $k(x_1)=\begin{cases}\dfrac{\varphi(x_1)}{x_1}, & x_1\neq 0\\ \varphi'(0), & x_1=0\end{cases}$, 于是对系统 (H.3.10) 有

$$\boldsymbol{A}(\boldsymbol{x})=\begin{pmatrix}-c-k(x_1) & 1 & 0\\ -1 & 0 & 1\\ -c+bk(x_1) & 0 & 0\end{pmatrix}$$

则 $\triangle(\boldsymbol{x})=\det[\boldsymbol{A}(\boldsymbol{x})]=-c+bk(x_1)$. 注意这里是三阶系统, 故与上面的二阶系统不同, 这里我们需要对任意 $\boldsymbol{x}\in\mathbb{R}^3$ 有 $\triangle(\boldsymbol{x})<0$. 于是有

$$k(x_1)<\frac{c}{b} \tag{H.3.11}$$

若我们假设 $\boldsymbol{H}=(H_1,H_2,H_3)^{\mathrm{T}}$ 满足:

$$\frac{\partial \boldsymbol{H}}{\partial \boldsymbol{x}}\boldsymbol{A}(\boldsymbol{x})=\triangle(\boldsymbol{x})\boldsymbol{I}$$

则有

$$\frac{\partial \boldsymbol{H}}{\partial \boldsymbol{x}}=\begin{pmatrix}0 & 0 & 1\\ -c+bk(x_1) & 0 & c+k(x_1)\\ 0 & -c+bk(x_1) & 1\end{pmatrix}$$

现在我们再假设 $c+k(x_1)$ 恒不等于零, 即对任意 $x_1\in\mathbb{R}$, $c+k(x_1)>0$ 或 $c+k(x_1)<0$. 于是可以对上面矩阵的第二行都除以 $c+k(x_1)$. 然而对于第三行, 我们无论如何都凑不成第三行第一列的元素只与 x_1 有关, 第三行第二列的元素只与 x_2 有关及第三行第三列的元素只与 x_3 有关. 最后我们虽然可以令

$$\begin{aligned}H_1&=x_3\\ H_2&=\int_0^{x_1}\frac{-c+bk(\tau)}{c+k(\tau)}\mathrm{d}(\tau)+x_3\end{aligned}$$

但 H_3 无法确定下来, 至少 "凑公式" 法是不行的. 最后虽然可以尝试下求解偏微分方程:

$$\frac{\partial H_3}{\partial x_1}[-cx_1+x_2-\varphi(x_1)]+\frac{\partial H_3}{\partial x_2}[-x_1+x_3]+\frac{\partial H_3}{\partial x_3}[-cx_1+b\varphi(x_1)]=-x_3$$

但此方程并不容易求解, 这大概是最后没办法的办法了.

从此例可以看出, 虽然系统 (H.3.10) 已经够简单了, 但仍然难以 "凑" 出所需的微分同胚变换来. ■

4

从第 **3** 部分的讨论看, 对于系统 (H.3.4), 变量分离条件并非必要的, 对某些非变量分离系统也可以类似讨论. 如果二阶系统:

$$\dot{\boldsymbol{x}} = \boldsymbol{A}(\boldsymbol{x})\boldsymbol{x}$$

满足: $\boldsymbol{A}(\boldsymbol{x}) = \begin{pmatrix} a_{11}(x_2) & a_{12}(x_2) \\ a_{21}(x_1) & a_{22}(x_1) \end{pmatrix}$ 或者更一般点

$$\boldsymbol{A}(\boldsymbol{x}) = \begin{pmatrix} a_{11}(x_1)b_{11}(x_2) & a_{12}(x_1)b_{12}(x_2) \\ a_{21}(x_1)b_{21}(x_2) & a_{22}(x_1)b_{22}(x_2) \end{pmatrix},$$

也可以做类似讨论和得出类似结论.

又若 $a_{ij}(\cdot)$ 中存在某些项恒为零, 也不影响类似讨论. 例如, 对于下面系统[10]:

$$\begin{aligned} \dot{x}_1 &= x_2 \\ \dot{x}_2 &= -g(x_1) - h(x_2) \end{aligned} \tag{H.4.1}$$

其中, $g(0) = h(0) = 0$. 我们可以做类似讨论得到与文献 [10] 中相同的结论, 即当 $x_1 \neq 0$, $x_2 \neq 0$ 时 $g(x_1)x_1 > 0$, $g(x_2)x_2 > 0$, 系统 (H.4.1) 是全局渐近稳定的. 又如, 再考虑下面系统.

例 H.2 考虑平面系统[10]:

$$\begin{aligned} \dot{x}_1 &= x_2 \\ \dot{x}_2 &= ax_1 + bx_2 - x_1^2x_2 - x_1^3 \end{aligned} \tag{H.4.2}$$

我们有

$$\boldsymbol{A}(\boldsymbol{x}) = \begin{pmatrix} 0 & 1 \\ a - x_1^2 & b - x_1^2 \end{pmatrix}, \quad \triangle(\boldsymbol{x}) = \det[\boldsymbol{A}(\boldsymbol{x})] = x_1^2 - a$$

我们要求对任意 $x_1 \in \mathbb{R}$, 有 $\triangle(\boldsymbol{x}) > 0$, 故 $a < 0$.

再假设 $\boldsymbol{H} = (H_1, H_2)^{\mathrm{T}}$ 满足:

$$\frac{\partial \boldsymbol{H}}{\partial \boldsymbol{x}}\boldsymbol{A}(\boldsymbol{x}) = -\triangle(\boldsymbol{x})\boldsymbol{I}$$

则有

$$\frac{\partial \boldsymbol{H}}{\partial \boldsymbol{x}} = -\begin{pmatrix} b - x_1^2 & -1 \\ -a + x_1^2 & 0 \end{pmatrix}$$

当 $a < 0,\ b < 0$ 时, 易求出微分同胚:

$$H_1 = \int_0^{x_1} (\tau^2 - b)\mathrm{d}\tau + x_2 = \frac{1}{3}x_1^3 - bx_1 + x_2$$

$$H_2 = \int_0^{x_1} (a - \tau^2)\mathrm{d}\tau = ax_1 - \frac{1}{3}x_1^3$$

易验证当 $a < 0$ 和 $b < 0$ 时矩阵 $\boldsymbol{A}(\mathbf{0})$ 是 Hurwitz 的. 根据命题 H.1, 当 $a < 0$ 和 $b < 0$ 时, 系统 (H.4.2) 是全局渐近稳定的.

注意: 当 $a = 0$ 和 $b = 0$ 时, 也可以证明系统 (H.4.2) 是全局渐近稳定的. ■

例 H.3 考虑下面系统:

$$\begin{aligned} \dot{x}_1 &= x_2 \\ \dot{x}_2 &= -x_1 - (1 + x_1)^2 x_2 \end{aligned} \tag{H.4.3}$$

对此系统显然有

$$\boldsymbol{A}(\boldsymbol{x}) = \begin{pmatrix} 0 & 1 \\ -1 & -(1 + x_1)^2 \end{pmatrix}$$

其中, $-(1 + x_1)^2 \leqslant 0$ 而不是 $-(1 + x_1)^2 < 0$, 但是对此系统不要紧, 不过条件 $\det[\boldsymbol{A}(\boldsymbol{x})] = 1 > 0$ 还是需要的. 我们类似地往下继续计算.

类似地, 我们希望有

$$\begin{pmatrix} \dfrac{\partial H_1}{\partial x_1} & \dfrac{\partial H_1}{\partial x_2} \\ \dfrac{\partial H_2}{\partial x_1} & \dfrac{\partial H_2}{\partial x_2} \end{pmatrix} = \begin{pmatrix} (1 + x_1)^2 & 1 \\ -1 & 0 \end{pmatrix} \tag{H.4.4}$$

于是可以令

$$H_1 = \frac{1}{3}(1 + x_1)^3 + x_2 - \frac{1}{3}$$

$$H_2 = -x_1$$

类似第 **3** 部分的讨论, 可以得到系统 (H.4.3) 是全局渐近稳定的. ■

总之, 因为全局渐近稳定的非线性系统相当稀少, 因此具有全局渐近稳定性的系统需要更多的条件甚至苛刻的条件都不足为奇.

5

前面介绍的同相法还可以用来计算或估计局部渐近稳定系统的吸引域. 考虑下面系统[10]:

$$\begin{aligned}\dot{x}_1 &= -x_2\\ \dot{x}_2 &= x_1 + (x_1^2 - 1)x_2\end{aligned} \tag{H.5.1}$$

该系统是个时间反向的 Van der Pol 方程, 其原点是局部渐近稳定的. 此方程有一极限环, 故不是全局渐近稳定的. 对该系统我们有

$$\boldsymbol{A}(\boldsymbol{x}) = \begin{pmatrix} 0 & -1 \\ 1 & x_1^2 - 1 \end{pmatrix}$$

同样地, 我们希望有

$$\begin{pmatrix} \dfrac{\partial H_1}{\partial x_1} & \dfrac{\partial H_1}{\partial x_2} \\ \dfrac{\partial H_2}{\partial x_1} & \dfrac{\partial H_2}{\partial x_2} \end{pmatrix} = \begin{pmatrix} -(x_1^2 - 1) & -1 \\ 1 & 0 \end{pmatrix} \tag{H.5.2}$$

于是令 $\boldsymbol{H}(\boldsymbol{x})$ 为

$$\begin{aligned}H_1 &= \int_0^{x_1} -(\tau^2 - 1)\mathrm{d}\tau - x_2 = x_1 - \frac{1}{3}x_1^3 - x_2\\ H_2 &= x_1\end{aligned}$$

根据命题 H.1, 系统 (H.5.1) 的吸引域至少是一个包含原点在内的区域 D, 它使得 $\boldsymbol{H}(\boldsymbol{x})$ 把区域 D 中的点一一映射到它的像集, 即 D 与其像集 $\boldsymbol{H}(D)$ 在映射 $\boldsymbol{H}$ 下微分同胚.

6

本部分我们将对本书提出的同相法与传统的微分同胚变换法进行比较. 先看传统的微分同胚变换法.

考虑系统:

$$\dot{\boldsymbol{x}} = \boldsymbol{f}(\boldsymbol{x}), \quad \boldsymbol{f}(\boldsymbol{0}) = \boldsymbol{0} \tag{H.6.1}$$

做全局微分同胚变换 $\boldsymbol{y}=\boldsymbol{H}(\boldsymbol{x})$, 有

$$\dot{\boldsymbol{y}}=\frac{\partial \boldsymbol{H}}{\partial \boldsymbol{x}}(\boldsymbol{x})\boldsymbol{f}(\boldsymbol{x})=\frac{\partial \boldsymbol{H}}{\partial \boldsymbol{x}}(\boldsymbol{H}^{-1}(\boldsymbol{y}))\boldsymbol{f}(\boldsymbol{H}^{-1}(\boldsymbol{y})) \tag{H.6.2}$$

显然, 若系统 (H.6.2) 全局渐近稳定, 则系统 (H.6.1) 也是全局渐近稳定. 且若 $\boldsymbol{\varphi}(t)$ 是系统 (H.6.1) 的轨线, 则 $\boldsymbol{H}(\boldsymbol{\varphi}(t))$ 是系统 (H.6.2) 的轨线. 这两个系统的轨线对应, 不仅时间尺度一致, 而且正方向也一致. 这些都是传统微分同胚变换法的优点. 然而方程 (H.6.2) 中的反函数 $\boldsymbol{H}^{-1}$ 非常不好处理. 部分原因是由于 $\boldsymbol{H}$ 本身就是个未知变换, 再去求一个未知变换的逆变换的确不够友好.

若我们希望全局微分同胚变换 $\boldsymbol{y}=\boldsymbol{H}(\boldsymbol{x})$ 把系统 (H.6.2) 化为标准的全局渐近稳定系统, 就有

$$\dot{\boldsymbol{y}}=\frac{\partial \boldsymbol{H}}{\partial \boldsymbol{x}}(\boldsymbol{H}^{-1}(\boldsymbol{y}))\boldsymbol{f}(\boldsymbol{H}^{-1}(\boldsymbol{y}))=-\boldsymbol{y} \tag{H.6.3}$$

再用 $\boldsymbol{y}=\boldsymbol{H}(\boldsymbol{x})$ 代换回去, 有

$$\frac{\partial \boldsymbol{H}}{\partial \boldsymbol{x}}(\boldsymbol{x})\boldsymbol{f}(\boldsymbol{x})=-\boldsymbol{H}(\boldsymbol{x}) \tag{H.6.4}$$

显见方程 (H.6.4) 是右边带未知函数的拟线性偏微分方程组, 它比求解右边不带未知函数的拟线性偏微分方程组 (H.3.1) 显然更复杂.

然而, 研究系统的全局渐近稳定性, 并不需要化简/转化后的系统在时间尺度上与原系统一致, 我们关心的是轨线的正方向是否趋于原点. 这样上面分析过程中求解逆变换 $\boldsymbol{H}^{-1}$ 这一步就不是必要的了, 不过这也导致了轨线的正方向可能发生改变. 这样我们需要增加一步以验证系统是否局部渐近稳定. 然而由于在实际应用中, 我们一般是已经知道系统是局部渐近稳定的, 但其吸引域估计一般比较保守, 我们希望获得更好的吸引域估计或者希望知道系统是否全局渐近稳定. 因此增加判定系统是否局部渐近稳定这一步是合理且可接受的要求. 上面这些思考就是我们提出**同相法**的缘由.